MODELOS PROBABILÍSTICOS

DIALÓGICA

O selo DIALÓGICA da Editora InterSaberes faz referência às publicações que privilegiam uma linguagem na qual o autor dialoga com o leitor por meio de recursos textuais e visuais, o que torna o conteúdo muito mais dinâmico. São livros que criam um ambiente de interação com o leitor – seu universo cultural, social e de elaboração de conhecimentos –, possibilitando um real processo de interlocução para que a comunicação se efetive.

MODELOS PROBABILÍSTICOS

Zaudir Dal Cortivo

EDITORA
intersaberes

Rua Clara Vendramin, 58 – Mossunguê
CEP 81200-170 – Curitiba – PR – Brasil
Fone: (41) 2106-4170
www.intersaberes.com
editora@editoraintersaberes.com.br

Conselho editorial
Dr. Ivo José Both (presidente)
Drª Elena Godoy
Dr. Neri dos Santos
Dr. Ulf Gregor Baranow

Editora-chefe
Lindsay Azambuja

Supervisora editorial
Ariadne Nunes Wenger

Analista editorial
Ariel Martins

Preparação de originais
Luiz Gustavo Micheletti Bazana

Edição de texto
Natasha Saboredo
Palavra do Editor

Capa
Charles L. da Silva (*design*)
passion artist/Shutterstock (imagem)

Projeto gráfico
Sílvio Gabriel Spannenberg

Adaptação do projeto gráfico
Kátia Priscila Irokawa

Diagramação
Kátia Priscila Irokawa

Equipe de *design*
Charles Leonardo Silva
Mayra Yoshizawa

Iconografia
Sandra Lopis da Silveira
Regina Claudia Cruz Prestes

Dados Internacionais de Catalogação na Publicação (CIP)
(Câmara Brasileira do Livro, SP, Brasil)

Cortivo, Zaudir Dal
   Modelos probabilísticos/Zaudir Dal Cortivo. Curitiba: InterSaberes, 2019.

   Bibliografia.
   ISBN 978-85-227-0138-4

   1. Estatística 2. Matemática 3. Probabilidades. 4. Variáveis aleatórias I. Título.

19-29179   CDD-519.2

Índices para catálogo sistemático:
1. Probabilidades: Matemática   519.2

Cibele Maria Dias – Bibliotecária – CRB-8/9427

1ª edição, 2019.
Foi feito o depósito legal.

Informamos que é de inteira responsabilidade do autor a emissão de conceitos.

Nenhuma parte desta publicação poderá ser reproduzida por qualquer meio ou forma sem a prévia autorização da Editora InterSaberes.

A violação dos direitos autorais é crime estabelecido na Lei n. 9.610/1998 e punido pelo art. 184 do Código Penal.

Sumário

9 *Apresentação*
10 *Como aproveitar ao máximo este livro*

15 Capítulo 1 – Teoria das probabilidades
15   1.1 Conceitos básicos
19   1.2 Probabilidade clássica
21   1.3 Definição axiomática das probabilidades
21   1.4 Propriedades das probabilidades
23   1.5 Probabilidade condicional
23   1.6 Regra do produto de probabilidades
26   1.7 Eventos independentes
27   1.8 Teorema da probabilidade total
28   1.9 Teorema de Bayes

37 Capítulo 2 – Variáveis aleatórias discretas e distribuições de probabilidades
37   2.1 Variável aleatória
39   2.2 Variável aleatória discreta
39   2.3 Função de probabilidade
41   2.4 Função de distribuição
43   2.5 Esperança matemática
46   2.6 Variância
47   2.7 Distribuições teóricas de probabilidades de variáveis aleatórias discretas

65 Capítulo 3 – Variáveis aleatórias contínuas e distribuições de probabilidades
65   3.1 Variável aleatória contínua e função densidade de probabilidade
65   3.2 Esperança e variância
69   3.3 Principais distribuições teóricas de probabilidades de variáveis aleatórias contínuas

Capítulo 4 – Vetores aleatórios — 87
- 87   4.1 Conceitos iniciais
- 88   4.2 Função de distribuição conjunta
- 88   4.3 Função de distribuição marginal
- 92   4.4 Vetor contínuo
- 92   4.5 Função densidade conjunta
- 93   4.6 Função densidade marginal
- 95   4.7 Esperança e variância
- 96   4.8 Condicionalidade e independência
- 101 4.9 Covariância e correlação
- 106 4.10 Função geratriz de momentos
- 108 4.11 Função característica

Capítulo 5 – Inferência estatística — 113
- 113 5.1 Estimação de parâmetros
- 116 5.2 Distribuição amostral da média
- 118 5.3 Distribuição amostral da proporção
- 119 5.4 Teorema central do limite
- 119 5.5 Estimação por intervalo
- 127 5.6 Tamanho da amostra
- 129 5.7 Testes de hipóteses

Capítulo 6 – Processos estocásticos — 147
- 147 6.1 Conceitos iniciais
- 150 6.2 Processo de Bernoulli
- 154 6.3 Processo estocástico de Poisson
- 158 6.4 Cadeias de Markov para tempo discreto

- 168 *Considerações finais*
- 169 *Referências*
- 170 *Bibliografia comentada*
- 172 *Apêndice*
- 184 *Respostas*
- 201 *Sobre o autor*

Agradeço a todos que, de alguma forma, contribuíram para a produção desta obra.

Apresentação

A teoria das probabilidades é um assunto fascinante, tendo em vista sua complexidade e aplicabilidade. Quando passamos da teoria à aplicação, os conceitos se conectam não só às áreas da matemática, da estatística e das engenharias, mas também a quase todas as áreas do conhecimento, como a psicologia, a pedagogia e a biologia, ultrapassando as exatas.

Esta obra constitui uma introdução aos modelos probabilísticos. Nela, abordamos os conceitos básicos de probabilidade, as variáveis aleatórias e suas funções probabilísticas e a inferência estatística, bem como apresentamos um resumo sobre processos estocásticos.

Em todos os capítulos buscamos expor os conceitos de forma simples, por meio de diversos exemplos, mas sempre primando pelo rigor na definição dos temas.

Para facilitar a organização e a abordagem das temáticas propostas, estruturamos a obra em seis capítulos.

No Capítulo 1, apresentamos conceitos básicos referentes à teoria das probabilidades, como experimentos aleatórios, axiomas da probabilidade, lei da probabilidade total e teorema de Bayes. Nos Capítulos 2 e 3, examinamos as variáveis aleatórias discretas e contínuas e suas funções de probabilidades.

No Capítulo 4, tratamos dos vetores aleatórios e das seguintes funções: (1) de distribuição conjunta, (2) geratriz dos momentos e (3) característica. No Capítulo 5, por sua vez, enfocamos a inferência estatística, com intervalos de confiança e teste de hipóteses. Por fim, no Capítulo 6, introduzimos os processos estocásticos mediante a explicação dos processos de Bernoulli, Poisson e Markov.

É importante observar que o estudo desta obra deve obedecer à ordem proposta, pois os temas apresentados em cada capítulo são imprescindíveis para a compreensão dos capítulos posteriores.

Boa leitura!

Como aproveitar ao máximo este livro

Empregamos nesta obra recursos que visam enriquecer seu aprendizado, facilitar a compreensão dos conteúdos e tornar a leitura mais dinâmica. Conheça a seguir cada uma dessas ferramentas e saiba como elas estão distribuídas no decorrer deste livro para bem aproveitá-las.

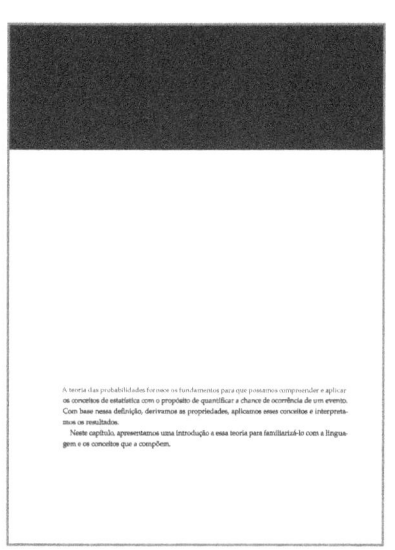

Introdução do capítulo
Logo na abertura do capítulo, informamos os temas de estudo e os objetivos de aprendizagem que serão nele abrangidos, fazendo considerações preliminares sobre as temáticas em foco.

Importante!
Algumas das informações centrais para a compreensão da obra aparecem nesta seção. Aproveite para refletir sobre os conteúdos apresentados.

Para refletir
Aqui você encontra reflexões que fazem um convite à leitura, acompanhadas de uma análise sobre o assunto.

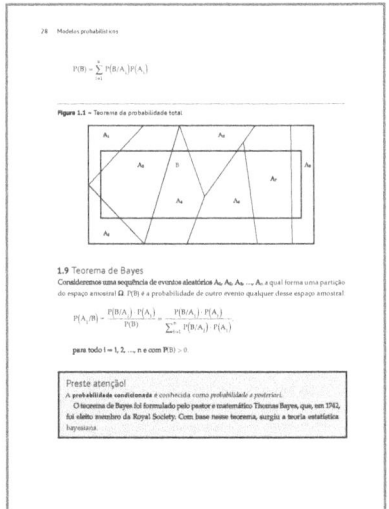

Preste atenção!
Apresentamos informações complementares a respeito do assunto que está sendo tratado.

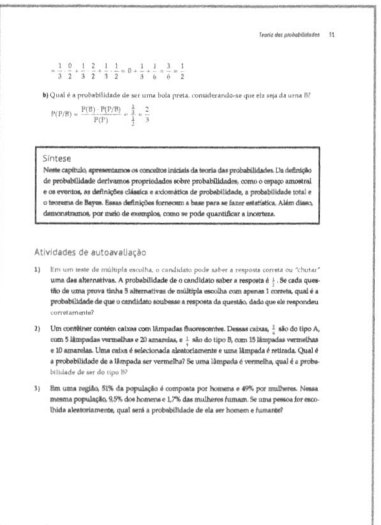

Síntese
Ao final de cada capítulo, relacionamos as principais informações nele abordadas a fim de que você avalie as conclusões a que chegou, confirmando-as ou redefinindo-as.

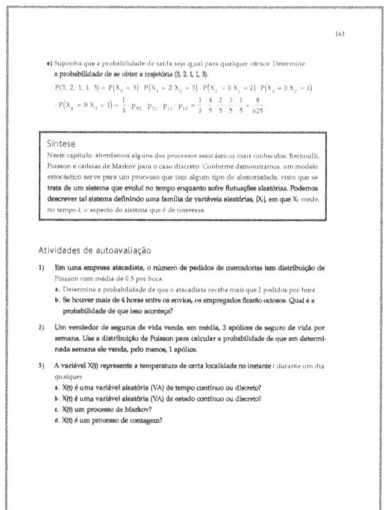

Atividades de autoavaliação
Apresentamos estas questões objetivas para que você verifique o grau de assimilação dos conceitos examinados, motivando-se a progredir em seus estudos.

Atividades de aprendizagem
Aqui apresentamos questões que aproximam conhecimentos teóricos e práticos a fim de que você analise criticamente determinado assunto.

Bibliografia comentada
Nesta seção, comentamos algumas obras de referência para o estudo dos temas examinados ao longo do livro.

A teoria das probabilidades fornece os fundamentos para que possamos compreender e aplicar os conceitos de estatística com o propósito de quantificar a chance de ocorrência de um evento. Com base nessa definição, derivamos as propriedades, aplicamos esses conceitos e interpretamos os resultados.

Neste capítulo, apresentamos uma introdução a essa teoria para familiarizá-lo com a linguagem e os conceitos que a compõem.

1
Teoria das probabilidades

1.1 Conceitos básicos

Ao utilizarmos a matemática como ferramenta de estudo de determinado fenômeno, devemos fazer a modelagem deste. Esse modelo matemático pode ser determinístico ou probabilístico. Por exemplo, para o estudo do movimento de um corpo sujeito a uma aceleração constante, há a seguinte fórmula:

$$d = d_0 + v_0 t + \frac{1}{2}at^2$$

Nessa fórmula, d corresponde à distância percorrida, d_0 à distância inicial, v_0 à velocidade inicial, t ao tempo e a à aceleração. Por meio desse modelo, repetido nas mesmas condições, é possível determinar com precisão a distância percorrida por um corpo. Nesse caso, o modelo é **determinístico**.

Já quando apostamos na loteria, mesmo que repitamos diversas vezes a mesma aposta, não podemos prever quais números serão sorteados, embora saibamos que há uma quantidade de resultados possíveis. Em outras palavras, a variável ou as variáveis não pode(m) ser controlada(s), apesar de o modelo apresentar função **probabilística**.

A ciência responsável pelo estudo dos resultados possíveis de um experimento aleatório é a **estatística**. Mas o que são experimentos aleatórios? De maneira geral, são experimentos cujos resultados não podem ser previstos com precisão.

Tomemos como exemplo a ação de retirar uma carta de um baralho com 52 cartas. Esse tipo de experimento gera resultados que não podem ser previstos, embora as possibilidades sejam conhecidas. Assim, os experimentos aleatórios são aqueles que, mesmo ao serem repetidos sob certas condições fixas, não permitem prever seus resultados.

1.1.1 Espaço amostral

Espaço amostral é o conjunto de todos os resultados possíveis de um experimento aleatório, o qual é representado por Ω. O número de elementos desse conjunto é indicado por $\#\Omega$. Se $\Omega = \{\omega_1, ..., \omega_n\}$, então $\#\Omega = n$.

O espaço amostral Ω pode ser:

- **discreto e finito**, quando é formado por um conjunto finito de elementos;
- **discreto e infinito**, quando é formado por um conjunto infinito e numerável de elementos;
- **contínuo**, quando é formado por um conjunto não numerável de elementos.

Exemplo 1.1

Considere o lançamento de dois dados, um após o outro. O espaço amostral desse experimento aleatório é:

$\Omega = \{(1, 1), (1, 2), (1, 3), (1, 4), (1, 5), (1, 6), (2, 1), (2, 2), (2, 3), (2, 4), (2, 5), (2, 6), (3, 1), (3, 2), (3, 3), (3, 4), (3, 5), (3, 6), (4, 1), (4, 2), (4, 3), (4, 4), (4, 5), (4, 6), (5, 1), (5, 2), (5, 3), (5, 4), (5, 5), (5, 6), (6, 1), (6, 2), (6, 3), (6, 4), (6, 5), (6, 6)\}$

Logo, $\#\Omega = 36$. Esse é um espaço amostral discreto e finito.

Exemplo 1.2

Um espaço amostral formado por números binários, compostos de três algarismos, é dado por $\Omega = \{000, 001, 010, 011, 100, 101, 110, 111\}$, com $\#\Omega = 8$. Portanto, Ω é um espaço amostral discreto e finito.

Exemplo 1.3

Consideremos as peças produzidas em um torno mecânico. Essas peças podem ser classificadas em duas categorias: com defeito e sem defeito. Seu espaço amostral é $\Omega = \{$com defeito, sem defeito$\}$. Portanto, trata-se de um espaço amostral discreto e finito.

Exemplo 1.4

Verifica-se a vida útil de uma lâmpada em horas. O espaço amostral pode ser descrito por $\Omega = \{t, t > 0\}$, em que t é o tempo em horas. Nesta situação, Ω é um espaço amostral contínuo.

Exemplo 1.5

Em um processo de produção de placas eletrônicas é obtida uma amostra. Com base nela, é feita a contagem de defeitos por peça. O espaço amostral pode ser dado por $\Omega = \{0, 1, 2, 3, ...\}$. Então, Ω é um espaço amostral discreto e infinito.

1.1.2 Evento

Evento é qualquer subconjunto do espaço amostral Ω. Utilizam-se, geralmente, letras maiúsculas para representá-lo: A, B, C etc. Quando $A = \emptyset$, o evento é **impossível**. Quando $A = \Omega$, o evento é **certo**.

Se $\omega \in \Omega$, o evento $\{\omega\}$ é **elementar e indivisível**. Já quando é constituído por mais de um elemento, o evento é denominado **composto**.

Exemplo 1.6
No lançamento de um dado, o espaço amostral corresponde a $\Omega = \{1, 2, 3, 4, 5, 6\}$. Se considerarmos o evento "a face é número par", definiremos o evento A como $A = \{2, 4, 6\}$.

Exemplo 1.7
No lançamento de uma moeda, o espaço amostral é dado por $\Omega = \{cara, coroa\}$. Se considerarmos o evento "a face é cara", então $A = \{cara\}$.

Exemplo 1.8
O espaço $\Omega = \{t \,/\, t > 0\}$ se refere à duração de vida de uma lâmpada, em horas. Se considerarmos os eventos "a lâmpada dura menos de 1 000 horas" e "a lâmpada dura entre 4 500 e 6 000 horas", então $A = \{t \,/\, t < 1\,000\}$ e $B = \{t \,/\, 4\,500 < t < 6\,000\}$.

Exemplo 1.9
Um produtor vende sementes em pacotes com 20 unidades. O número de sementes que germinarão, no entanto, varia de pacote para pacote: pode ser que nenhuma semente germine, que apenas uma germine, que duas germinem e assim sucessivamente. O espaço amostral é $\Omega = \{0, 1, 2, 3, ..., 20\}$ e o evento "germinaram, pelo menos, 15 sementes" é $A = \{15, 16, 17, 18, 19, 20\}$.

Operações com eventos

As principais operações realizadas com os eventos de um espaço amostral Ω são as seguintes:

- **Evento união**: $A \cup B = \{\omega \in \Omega \,/\, \omega \in A \text{ ou } \omega \in B\}$
- **Evento interseção**: $A \cap B = \{\omega \in \Omega \,/\, \omega \in A \text{ e } \omega \in B\}$
- **Evento complementar**: $A^c = \{\omega \in \Omega \,/\, \omega \notin A\}$
- **Evento diferença**: $A - B = \{\omega \in \Omega \,/\, \omega \in A \text{ e } \omega \notin B\}$

> **Importante!**
> É fundamental traduzir as operações com conjuntos para a **linguagem da teoria das probabilidades**: $A \cup B$ é o evento "A ou B", ou a ocorrência de A ou de B, isto é, de pelo menos um dos dois eventos. $A \cap B$ é o evento "A e B", ou a ocorrência simultânea de A e de B. Por último, A^c é o evento "não A", isto é, a não ocorrência de A.

Propriedades dos eventos
Vejamos algumas das propriedades dos eventos aleatórios:

- **Complementares**: $A \cup A^c = \Omega$ e $A \cap A^c = \varnothing$
- **Elemento neutro**: $A \cup \varnothing = A$ e $A \cap \Omega = A$
- **Identidades**: $A \cup \Omega = \Omega$, $A \cap \varnothing = \varnothing$, $\Omega^c = \varnothing$ e $\varnothing^c = \Omega$
- **Leis de Morgan**: $(A \cup B)^c = A^c \cap B^c$ e $(A \cap B)^c = A^c \cup B^c$

Classes dos eventos aleatórios
Classe é o conjunto formado por todos os eventos do espaço amostral. Se considerarmos o espaço amostral $\Omega = \{0, 1, 2, 3\}$, a classe dos eventos aleatórios de Ω será:

$C(\Omega) = \{\varnothing, \{0\}, \{1\}, \{2\}, \{3\}, \{0, 1\}, \{0, 2\}, \{0, 3\}, \{1, 2\}, \{1, 3\}, \{2, 3\}, \{0, 1, 2\}, \{0, 1, 3\}, \{0, 2, 3\}, \{1, 2, 3\}, \{0, 1, 2, 3\}\}$

Eventos mutuamente exclusivos
Dois eventos A e B são mutuamente exclusivos se a ocorrência de A exclui a possibilidade de ocorrência de B, $A \cap B = \varnothing$, isto é, se a realização simultânea de A e B for impossível.

1.1.3 Conjunto das partes de um conjunto
Dado o conjunto A, o conjunto das partes de A é aquele formado por todos os subconjuntos de A.
Notação: $P(A) = \{\omega \in \Omega \ / \ \omega \subseteq A\}$

1.1.4 Álgebra de subconjuntos
O conjunto A é a classe de subconjuntos do espaço amostral Ω, $\Omega \neq \varnothing$, a qual satisfaz as seguintes propriedades:

I. $\Omega \in \mathcal{A}$
II. Se $A \in \mathcal{A} \Rightarrow A^c \in \mathcal{A}$
III. Se $A_1, A_2, \ldots \in \mathcal{A} \Rightarrow \bigcup_{i=1}^{\infty} A_i \in \mathcal{A}$

As duas primeiras propriedades implicam que $\emptyset = \Omega^c \in A$. Se A é uma coleção de eventos que satisfaz as propriedades I, II e III, então A é uma álgebra de eventos ou σ-álgebra.

1.2 Probabilidade clássica

Vamos considerar o espaço amostral Ω de modo que todos os resultados elementares sejam equiprováveis e que A seja um subconjunto de $P(\Omega)$. A medida de probabilidade de ocorrência do evento A é dada por:

$$P(A) = \frac{\#A}{\#\Omega}$$

Se $\#A = m$ e $\#\Omega = n$, a probabilidade de ocorrência de A é dada por:

$$P(A) = \frac{\#A}{\#\Omega} = \frac{m}{n}$$

> **Importante!**
> Só haverá **limitações da probabilidade clássica** quando $\#\Omega$ for finito, isto é, quando o número de eventos elementares for finito e cada evento elementar de Ω for igualmente provável.

Exemplo 1.10

O lançamento de três moedas é definido pelo espaço amostral $\Omega = \{ccc, cck, ckc, ckk, kcc, kck, kkc, kkk\}$, em que *c* é cara e *k* é coroa. Calcule a probabilidade de:

a) obter cara como resultado exatamente duas vezes.

A = {cck, ckc, kcc}

$$P(A) = \frac{\#A}{\#\Omega} = \frac{3}{8}$$

b) obter coroa como resultado pelo menos uma vez.

B = {cck, ckc, ckk, kcc, kck, kkc, kkk}

$$P(B) = \frac{\#B}{\#\Omega} = \frac{7}{8}$$

c) não obter coroa como resultado em nenhum lançamento.

C = {ccc}

$$P(C) = \frac{\#C}{\#\Omega} = \frac{1}{8}$$

d) obter cara como resultado pelo menos duas vezes.

D = {ccc, cck, ckc, kcc}

$$P(D) = \frac{\#D}{\#\Omega} = \frac{4}{8}$$

Exemplo 1.11

No lançamento de dois dados diferentes, calcule a probabilidade de:

a) a soma das faces ser igual a 7.

Temos que Ω = {(1, 1), (1, 2), (1, 3), (1, 4), (1, 5), (1, 6), (2, 1), (2, 2), (2, 3), (2, 4), (2, 5), (2, 6), (3, 1), (3, 2), (3, 3), (3, 4), (3, 5), (3, 6), (4, 1), (4, 2), (4, 3), (4, 4), (4, 5), (4, 6), (5, 1), (5, 2), (5, 3), (5, 4), (5, 5), (5, 6), (6, 1), (6, 2), (6, 3), (6, 4), (6, 5), (6, 6)}.

Evento A = {(6, 1), (5, 2), (4, 3), (3, 4), (2, 5), (1, 6)}

$$P(A) = \frac{\#A}{\#\Omega} = \frac{6}{36} = \frac{1}{6}$$

b) haver duas faces iguais.

Evento B = {(1, 1), (2, 2), (3, 3), (4, 4), (5, 5), (6, 6)}

$$P(B) = \frac{\#B}{\#\Omega} = \frac{6}{36} = \frac{1}{6}$$

c) a soma das faces ser menor ou igual a 6.

Evento C = {(1, 1), (1, 2), (1, 3), (1, 4), (1, 5), (2, 1), (2, 2), (2, 3), (2, 4), (3, 1), (3, 2), (3, 3), (4, 1), (4,2), (5,1)}

$$P(C) = \frac{\#C}{\#\Omega} = \frac{15}{36} = \frac{5}{12}$$

d) a soma das faces ser maior que 10.

Evento D = {(5, 6), (6, 5), (6, 6)}

$$P(D) = \frac{\#D}{\#\Omega} = \frac{3}{36} = \frac{1}{12}$$

Quando o espaço amostral não é numerável, o conceito de probabilidade é aplicado à dimensão do evento aleatório (comprimento, área etc.), denominada **probabilidade geométrica**. Se Ω é um intervalo dos reais, a medida de probabilidade do evento é definida por:

$$P(A) = \frac{\text{comprimento de A}}{\text{comprimento total de }\Omega}$$

Se n for o número de ocorrências do evento em repetições independentes, teremos uma **probabilidade frequentista**, tal que:

$$P(A) = \lim_{n \to \infty} \frac{n}{N}$$

1.3 Definição axiomática das probabilidades

As definições vistas anteriormente apresentam limitações, como o fato de os espaços amostrais terem elementos equiprováveis; além disso, não são adequadas para uma escrita mais rigorosa da definição de probabilidades, pois os elementos do espaço amostral devem ter a mesma probabilidade.

O estatístico russo Andrei N. Kolmogorov apresentou uma definição axiomática mais consistente, definindo probabilidades como função que satisfaz um conjunto de axiomas.

Pensemos em uma função P definida na σ-álgebra – $\mathcal{A}$ de subconjuntos de Ω e com contradomínio no intervalo [0, 1], isto é, P:$\mathcal{A}$ → [0, 1]. A função P será uma medida de probabilidade se satisfizer os axiomas de Kolmogorov:

I. $0 \leq P(A) \leq 1$, $A \in \mathcal{A}$,
II. $P(\Omega) = 1$
III. Se $A_1, A_2, A_3, \ldots, \in \mathcal{A}$, mutuamente exclusivos, então:

$$P(A_1 \cup A_2 \cup A_3 \cup \ldots) = P(A_1) + P(A_2) + \ldots = P(\bigcup_{i=1}^{\infty} A_i) = \sum_{i=1}^{\infty} P(A_i)$$

O trio (Ω, $\mathcal{A}$, P) é denominado **espaço de probabilidades**.

1.4 Propriedades das probabilidades

Sejam A, B e C eventos quaisquer no espaço de probabilidades (Ω, $\mathcal{A}$, P):

I. $P(A) + P(A^c) = 1 \Rightarrow P(A) = 1 - P(A^c)$
   Demonstração:
   Temos que $A \cup A^c = \Omega \Rightarrow P(A \cup A^c) = P(\Omega) = 1$.
II. $P(A \cup B) = P(A) + P(B) - P(A \cap B)$
   Demonstração:
   Podemos escrever $A \cup B$ na seguinte forma:
   $A \cup B = (A \cap B^c) \cup (B \cap A^c) \cup (A \cap B)$
   Dessa forma, $P(A \cup B) = P(A \cap B^c) + P(B \cap A^c) + P(A \cap B)$, mas
   $P(A) = P(A \cap B) + P(A \cap B^c)$ e $P(B) = P(A \cap B) + P(A^c \cap B)$.
   Substituindo, obtemos:
   $P(A \cup B) = P(A) - P(A \cap B) + P(B) - P(A \cap B) + P(A \cap B) = P(A) + P(B) - P(A \cap B)$
III. $P(A \cup B \cup C) = P(A) + P(B) + P(C) - P(A \cap B) - P(A \cap C) - P(B \cap C) + P(A \cap B \cap C)$
IV. Se $A \subset B$, então $P(A) \leq P(B)$.
   A ocorrência de A implica a ocorrência de B, mas a ocorrência de B não implica, necessariamente, a ocorrência de A.
V. $P(\emptyset) = 0$
   Demonstração:
   $\Omega \cup \emptyset = \Omega \Rightarrow P(\Omega \cup \emptyset) = P(\Omega) + P(\emptyset) = P(\Omega)$, mas $P(\Omega) = 1$. Então, $1 + P(\emptyset) = 1 \Rightarrow P(\emptyset) = 0$.

> **Para refletir**
> A demonstração das propriedades III e IV pode ser conferida em Magalhães (2006, p. 21-23).

Exemplo 1.12
Se Genivalda retirar uma carta de um baralho de 52 cartas, qual é a probabilidade de ser uma figura (valete, dama ou rei) ou uma carta de espada?

Evento A: figura
Evento B: carta de espada

$$P(A \cup B) = P(A) + P(B) - P(A \cap B) = \frac{12}{52} + \frac{13}{52} - \frac{3}{52} = \frac{22}{52} = \frac{11}{26}$$

Exemplo 1.13
Ao se jogar um dado, qual é a probabilidade de se obter uma face maior que 4 ou um número primo?

Evento A: face maior que 4
Evento B: número primo

$$P(A \cup B) = P(A) + P(B) - P(A \cap B) = \frac{2}{6} + \frac{3}{6} - \frac{1}{6} = \frac{4}{6} = \frac{2}{3}$$

Exemplo 1.14
Uma caixa contém 6 bolas brancas, 4 pretas e 5 vermelhas. Ao se retirar uma bola, qual é a probabilidade de ela ser branca ou vermelha?

Evento A: face branca
Evento B: face vermelha

$$P(A \cup B) = P(A) + P(B) - P(A \cap B) = \frac{6}{15} + \frac{5}{15} - \frac{0}{15} = \frac{11}{15}$$

Exemplo 1.15
Maria retira, ao acaso, uma carta de um baralho de 52 cartas. Determine a probabilidade de não ser um rei ou uma carta de ouro.

Evento A: rei

Evento B: carta de ouro

$$P(A \cup B)^c = 1 - P(A \cup B) = 1 - \left(\frac{4}{52} + \frac{13}{52} - \frac{1}{52}\right) = 1 - \frac{16}{52} = \frac{36}{52} = \frac{9}{13}$$

1.5 Probabilidade condicional

Consideremos os eventos A e B $\in \mathcal{A}$ em $(\Omega, \mathcal{A}, P)$. A probabilidade de um acontecimento condicionado pela realização de outro ou, ainda, a probabilidade condicional de ocorrer o evento A, visto que ocorreu o evento B, é dada por:

$$P(A/B) = \frac{P(A \cap B)}{P(B)}$$

Se $P(B) = 0$, definimos que $P(A / B) = P(A)$. Da igualdade $P(A/B) = \frac{P(A \cap B)}{P(B)}$ resulta o seguinte:

I. $P(A / A) = 1$
II. $P(A / A^c) = 0$
III. $P(A / B) = 1 - P(A^c / B)$

> **Importante!**
> A **probabilidade condicional** é aplicada quando um dos eventos já ocorreu. Então, P(A / B) representa a probabilidade de ocorrência de A em relação ao fato de B ter ocorrido.

1.6 Regra do produto de probabilidades

A probabilidade de ocorrência simultânea dos eventos A e B é dada por $P(A \cap B) = P(A) \cdot P(B / A) = P(B) \cdot P(A / B)$. Para os eventos $A_1, A_2, A_3, \ldots, A_n$, com $A_i \in P(\Omega)$, $i = 1, 2, \ldots, n$, a regra do produto de probabilidades é dada por:

$$P(A_1 \cap A_2 \cap \ldots \cap A_n) = P(A_1)\, P(A_2 / A_1) \ldots P(A_n / A_1 \cap A_2 \cap \ldots \cap A_{n-1})$$

Exemplo 1.16

Considere os eventos A, B e C contidos no mesmo espaço amostral Ω. Expresse as seguintes operações entre eventos:

a) Nenhum evento ocorre.

Os eventos A, B e C não ocorrem, então $A^c \cap B^c \cap C^c$.

b) Pelo menos um evento ocorre.

Os eventos A, B e C ocorrem uma, duas ou três vezes, então $A \cup B \cup C$. Ou ainda:
$A \cap B^c \cap C^c + A^c \cap B \cap C^c + A^c \cap B^c \cap C + A \cap B \cap C^c + A \cap B^c \cap C + A^c \cap B \cap C + A \cap B \cap C$

c) Pelo menos dois eventos ocorrem.

$A \cap B \cap C^c + A \cap B^c \cap C + A^c \cap B \cap C + A \cap B \cap C$

d) B ocorre, mas A e C não.

$A^c \cap B \cap C^c$

e) A, B e C ocorrem.

$A \cap B \cap C$

Exemplo 1.17

Considere os eventos A e B de modo que $P(A) = \frac{1}{3}$, $P(B) = \frac{1}{2}$ e $P(A \cap B) = \frac{1}{6}$.

Determine:

a) $P(A^c)$

$$P(A^c) = 1 - P(A) = 1 - \frac{1}{3} = \frac{2}{3}$$

b) $P(B^c)$

$$P(B^c) = 1 - P(B) = 1 - \frac{1}{2} = \frac{1}{2}$$

c) $P(A^c \cap B)$

$$P(A^c \cap B) = P(A^c) \cdot P(B/A^c) = \frac{2}{3} \cdot \frac{1}{2} = \frac{1}{3}$$

d) $P(B/A)$

$$P(B/A) = \frac{P(A \cap B)}{P(A)} = \frac{\frac{1}{6}}{\frac{1}{3}} = \frac{1}{2}$$

e) $P(A \cap B^c)$

$$P(A \cap B^c) = P(A) \cdot P(B^c/A) = \frac{1}{3} \cdot \frac{1}{2} = \frac{1}{6}$$

f) $P(A/B^c)$

$$P(A/B^c) = \frac{P(A \cap B^c)}{P(B^c)} = \frac{\frac{1}{6}}{\frac{1}{2}} = \frac{1}{3}$$

g) $P(A^c / B^c)$

$$P(A^c / B^c) = \frac{P(A^c \cap B^c)}{P(B^c)} = \frac{\frac{2}{3} \cdot \frac{1}{2}}{\frac{1}{2}} = \frac{2}{3}$$

h) $P(A \cup B^c)$

$$P(A \cup B^c) = P(A) + P(B^c) - P(A \cap B^c) = \frac{1}{3} + \frac{1}{2} - \frac{1}{6} = \frac{4}{6} = \frac{2}{3}$$

i) $P(A^c \cup B^c)$

$$P(A^c \cup B^c) = P(A^c) + P(B^c) - P(A^c \cap B^c) = \frac{2}{3} + \frac{1}{2} - \frac{1}{3} = \frac{5}{6}$$

j) $P(A \cap B)^c$

$$P(A \cap B)^c = P(A^c \cup B^c) = \frac{5}{6}$$

Exemplo 1.18

Considere que os eventos A e B são mutuamente exclusivos, de modo que $P(A) = \frac{2}{3}$ e $P(B^c) = \frac{2}{3}$. Determine:

a) $P(A^c)$

$P(A \cap B) = 0$, pois A e B são mutuamente exclusivos.

$$P(A^c) = 1 - P(A) = 1 - \frac{2}{3} = \frac{1}{3}$$

b) $P(B)$

$$P(B) = 1 - P(B^c) = 1 - \frac{2}{3} = \frac{1}{3}$$

c) $P(A \cup B)$

$$P(A \cup B) = P(A) + P(B) - P(A \cap B) = \frac{2}{3} + \frac{1}{3} - 0 = 1$$

d) $P(A \cup B)^c$

$$P(A \cup B)^c = 1 - P(A \cup B) = 1 - 1 = 0$$

Exemplo 1.19

A tabela a seguir refere-se a 60 alunos dos cursos de Estatística, Matemática e Física que cursam 4 disciplinas.

Disciplina/curso	Estatística (E)	Matemática (M)	Física (F)	Total
Álgebra Linear (A)	5	15	5	25
Cálculo Diferencial I (B)	3	10	2	15
Probabilidade (C)	6	5	0	11
Cálculo Diferencial II (D)	1	5	3	9
Total	15	35	10	60

Ao se escolher um aluno aleatoriamente, calcule a probabilidade de ele:

a) cursar Matemática, dado que faz a disciplina de Álgebra Linear.

$$P(M/A) = \frac{P(M \cap A)}{P(A)} = \frac{15}{25} = \frac{3}{5}$$

b) cursar Física, dado que faz a disciplina de Cálculo Diferencial II.

$$P(F/D) = \frac{P(F \cap D)}{P(D)} = \frac{3}{9} = \frac{1}{3}$$

c) fazer a disciplina de Probabilidade, dado que cursa Estatística.

$$P(C/E) = \frac{P(C \cap E)}{P(E)} = \frac{6}{15} = \frac{2}{5}$$

d) fazer a disciplina de Cálculo Diferencial I, dado que cursa Matemática.

$$P(B/M) = \frac{P(M \cap B)}{P(M)} = \frac{10}{35} = \frac{2}{7}$$

e) ser estudante do curso de Física.

$$P(F) = \frac{\#F}{\#\Omega} = \frac{10}{60} = \frac{1}{6}$$

f) ser um estudante de Matemática que faz a disciplina de Probabilidade.

$$P(M \cap C) = \frac{5}{60} = \frac{1}{12}$$

g) ser um estudante de Matemática ou fazer a disciplina de Probabilidade.

$$P(M \cup C) = \frac{11}{60} + \frac{35}{60} - \frac{5}{60} = \frac{41}{60}$$

1.7 Eventos independentes

Dizemos que dois eventos A e B em $(\Omega, \mathcal{A}, P)$ são independentes se a informação da ocorrência de um dos eventos não alterar a probabilidade atribuída ao outro.

Os eventos A e B $\in \mathcal{A}$ serão independentes se $P(A \cap B) = P(A) \cdot P(B)$. **Também é possível afirmar que os eventos A e B serão independentes se $P(A/B) = P(A)$ ou $P(B/A) = P(B)$.**

> **Importante!**
>
> Se os eventos A e B forem dependentes e a medida de probabilidade de ocorrência de A e B estiver nessa mesma ordem, a probabilidade de ocorrência de B será afetada pela ocorrência de A.

Exemplo 1.20
Considere os eventos A e B, de modo que $P(A) = \frac{1}{3}$, $P(B) = \frac{1}{2}$ e $P(A \cap B) = \frac{1}{6}$.

a) Os eventos A e B são mutuamente exclusivos?

Não, porque $P(A \cap B) \neq 0$.

b) A e B são eventos independentes?

Sim, porque $P(A \cap B) = \frac{1}{6} = P(A) \cdot P(B) = \frac{1}{3} \cdot \frac{1}{2} = \frac{1}{6}$.

Exemplo 1.21
Considere os eventos A e B, de modo que $P(B) = \frac{1}{3}$ e $P(A \cup B) = \frac{1}{2}$.

a) Qual deve ser o valor de P(A) para que os eventos A e B sejam mutuamente exclusivos?

$P(A \cup B) = P(A) + P(B) - P(A \cap B) = \frac{1}{3} + P(A) - 0 = \frac{1}{2} \Rightarrow P(A) = \frac{1}{6}$

b) Qual deve ser o valor de P(A) para que os eventos A e B sejam independentes?

$P(A \cap B) = P(A) \cdot P(B) \Rightarrow P(A) + \frac{1}{3} - \frac{1}{2} = P(A) \cdot \frac{1}{3} \Rightarrow P(A) = \frac{1}{4}$

Exemplo 1.22
Em uma caixa com 10 peças do mesmo modelo para montagem de um equipamento, 3 delas não têm defeito e 7 apresentam algum defeito. Dessa caixa são retiradas duas peças simultaneamente. Determine a probabilidade de:

a) ambas serem defeituosas.

$\Omega = \{(B_1, B_2), (B_1, D_2), (D_1, B_2), (D_1, D_2)\}$

$P(D_1 \cap D_2) = P(D_1) \cdot P(D_2 / D_1) = \frac{7}{10} \cdot \frac{6}{9} = \frac{42}{90} = \frac{7}{15}$

b) pelo menos uma ser defeituosa.

$P(B_1 \cap D_2) \cup (D_1 \cap B_2) \cup (D_1 \cap D_2) = \frac{3}{10} \cdot \frac{7}{9} + \frac{7}{10} \cdot \frac{3}{9} + \frac{7}{10} \cdot \frac{6}{9} = \frac{14}{15}$ ou

$P(B_1 \cap D_2) \cup (D_1 \cap B_2) \cup (D_1 \cap D_2) = 1 - P(B_1 \cap B_2) = 1 - \frac{3}{10} \cdot \frac{2}{9} = 1 - \frac{1}{15} = \frac{14}{15}$

1.8 Teorema da probabilidade total

Consideremos uma sequência numerável (finita ou infinita) de eventos $A_1, A_2, A_3, ..., A_n$ aleatórios disjuntos, de modo que $\bigcup_{i=1}^{n} A_i = \Omega$, isto é, que se forme uma partição do espaço amostral Ω. O evento aleatório é $B \in \mathcal{A}$, tal que $B = \bigcup_{i=1}^{n} (B \cap A_i)$. A probabilidade do evento é dada por:

$$P(B) = \sum_{i=1}^{n} P(B / A_i) P(A_i)$$

Figura 1.1 – Teorema da probabilidade total

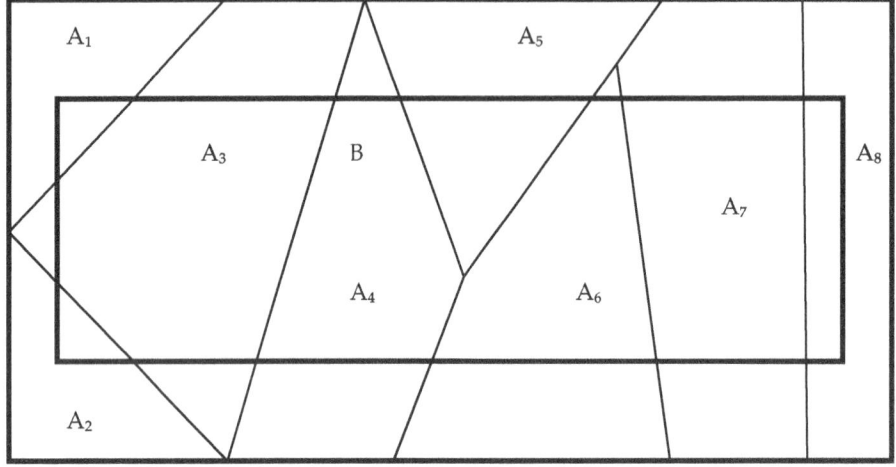

1.9 Teorema de Bayes

Consideremos uma sequência de eventos aleatórios $A_1, A_2, A_3, \ldots, A_n$ a qual forma uma partição do espaço amostral Ω. P(B) é a probabilidade de outro evento qualquer desse espaço amostral:

$$P(A_i / B) = \frac{P(B / A_i) \cdot P(A_i)}{P(B)} = \frac{P(B / A_i) \cdot P(A_i)}{\sum_{i=1}^{n} P(B / A_i) \cdot P(A_i)},$$

para todo i = 1, 2, ..., n e com P(B) > 0.

Preste atenção!

A **probabilidade condicionada** é conhecida como *probabilidade a posteriori*.

O teorema de Bayes foi formulado pelo pastor e matemático Thomas Bayes, que, em 1742, foi eleito membro da Royal Society. Com base nesse teorema, surgiu a teoria estatística bayesiana.

Exemplo 1.23

Em uma indústria mecânica, são utilizados três tornos mecânicos para a usinagem de peças metálicas, identificados como torno A, torno B e torno C. As peças são acondicionadas em caixas com 100 peças para serem enviadas aos clientes. Um inspetor de qualidade é responsável por investigar a origem dos defeitos encontrados nas peças. O torno A produz 35% das peças, sendo 1,5% delas defeituosas; o torno B produz 35%, sendo 1,0% das peças defeituosas; e o torno C produz 30%, sendo 2% defeituosas. Uma peça é escolhida em uma caixa que contém peças dos três tornos.

Determine:

a) a probabilidade de a peça ser defeituosa.

$P(D) = P(D \cap A) + P(D \cap B) + P(D \cap C) = P(A) \cdot P(D/A) + P(B) \cdot P(D/B) + P(C) \cdot P(D/C) =$

$\dfrac{35}{100} \cdot \dfrac{1,5}{100} + \dfrac{35}{100} \cdot \dfrac{1}{100} + \dfrac{30}{100} \cdot \dfrac{2}{100} = 0,01475 = 1,475\%$

b) a probabilidade de a peça ser defeituosa, tendo sido produzida pelo torno C.

$P(C/D) = \dfrac{P(C) \cdot P(D/C)}{P(D)} = \dfrac{\frac{30}{100} \cdot \frac{2}{100}}{0,01475} = \dfrac{0,006}{0,01475} = 0,40678\ldots$

c) a probabilidade de a peça ser defeituosa, tendo sido foi produzida pelo torno A, e a probabilidade de ela ser defeituosa, tendo sido produzida pelo torno B.

$P(A/D) = \dfrac{P(A) \cdot P(D/A)}{P(D)} = \dfrac{\frac{35}{100} \cdot \frac{1,5}{100}}{0,01475} = 0,35593\ldots$

$P(B/D) = \dfrac{P(B) \cdot P(D/B)}{P(D)} = \dfrac{\frac{35}{100} \cdot \frac{1}{100}}{0,01475} = 0,2372\ldots$

Exemplo 1.24

Duas máquinas são utilizadas para o empacotamento de leite em pó em uma empresa de laticínios. A máquina A empacota 65% da produção e a máquina B, 35%. Sabe-se que 4% dos pacotes são embalados pela máquina A e 6% pela máquina B, o que não atende às especificações exigidas pela empresa. Um pacote de leite em pó é selecionado aleatoriamente.

Determine:

a) a probabilidade de que ele esteja fora das especificações.

$$P(D) = P(D \cap A) + P(D \cap B) = P(A) \cdot P(D/A) + P(B) \cdot P(D/B) =$$

$$\frac{65}{100} \cdot \frac{4}{100} + \frac{35}{100} \cdot \frac{6}{100} = \frac{470}{10\,000} = 0{,}047$$

b) a probabilidade de que ele tenha sido produzido pela máquina B, que está fora das especificações.

$$P(B/D) = \frac{P(B) \cdot P(D/B)}{P(D)} = \frac{\frac{35}{100} \cdot \frac{6}{100}}{\frac{470}{10\,000}} = 0{,}4468\ldots$$

Exemplo 1.25

Pesquisas apontam que a probabilidade de um indivíduo ter certa doença é de 1% e a chance de o resultado do exame ser positivo para um paciente doente é de 95%. A possibilidade de o resultado ser positivo para um paciente sem a doença é de 5%.

a) Coletado o sangue de um indivíduo e feito o teste, qual é a probabilidade de o resultado ser positivo?

T+: resultado do teste é positivo

D: indivíduo doente

$$P(T+) = P(T+ \cap D) + P(T+ \cap D^c) = P(D) \cdot P(T+/D) + P(D^c) \cdot P(T+/D^c) =$$

$$\frac{1}{100} \cdot \frac{95}{100} + \frac{99}{100} \cdot \frac{5}{100} = 0{,}059$$

b) Se o resultado é positivo, qual é a probabilidade de o indivíduo estar doente?

$$P(D/T+) = \frac{P(D) \cdot P(T+/D)}{P(T+)} = \frac{\frac{1}{100} \cdot \frac{95}{100}}{0{,}059} = 0{,}161017$$

Exemplo 1.26

A urna A contém 2 bolas vermelhas (V); a urna B, duas pretas (P); e a urna C, uma preta e outra vermelha. Uma urna é selecionada aleatoriamente e uma bola é retirada.

a) Qual é a probabilidade de ser uma bola preta?

$$P(P) = P(P \cap A) + P(P \cap B) + P(P \cap C)$$
$$= P(A) \cdot P(P/A) + P(B) \cdot P(P/B) + P(C) \cdot P(P/C)$$

$$= \frac{1}{3} \cdot \frac{0}{2} + \frac{1}{3} \cdot \frac{2}{2} + \frac{1}{3} \cdot \frac{1}{2} = 0 + \frac{1}{3} + \frac{1}{6} = \frac{3}{6} = \frac{1}{2}$$

b) Qual é a probabilidade de ser uma bola preta, considerando-se que ela seja da urna B?

$$P(P \,/\, B) = \frac{P(B) \cdot P(P \,/\, B)}{P(P)} = \frac{\frac{1}{3}}{\frac{1}{2}} = \frac{2}{3}$$

Síntese

Neste capítulo, apresentamos os conceitos iniciais da teoria das probabilidades. Da definição de probabilidade derivamos propriedades sobre probabilidades, como o espaço amostral e os eventos, as definições clássica e axiomática de probabilidade, a probabilidade total e o teorema de Bayes. Essas definições fornecem a base para se fazer estatística. Além disso, demonstramos, por meio de exemplos, como se pode quantificar a incerteza.

Atividades de autoavaliação

1) Em um teste de múltipla escolha, o candidato pode saber a resposta correta ou "chutar" uma das alternativas. A probabilidade de o candidato saber a resposta é $\frac{1}{2}$. Se cada questão da prova tinha 5 alternativas de múltipla escolha com apenas 1 correta, qual é a probabilidade de que o candidato soubesse a resposta da questão, dado que ele respondeu corretamente?

2) Um contêiner contém caixas com lâmpadas fluorescentes. Dessas caixas, $\frac{3}{4}$ são do tipo A, com 5 lâmpadas vermelhas e 20 amarelas, e $\frac{1}{4}$ são do tipo B, com 15 lâmpadas vermelhas e 10 amarelas. Uma caixa é selecionada aleatoriamente e uma lâmpada é retirada. Qual é a probabilidade de a lâmpada ser vermelha? Se uma lâmpada é vermelha, qual é a probabilidade de ser do tipo B?

3) Em uma região, 51% da população é composta por homens e 49% por mulheres. Nessa mesma população, 9,5% dos homens e 1,7% das mulheres fumam. Se uma pessoa for escolhida aleatoriamente, qual será a probabilidade de ela ser homem e fumante?

4) A empresa petroleira Great Valley faz perfuração de poços de petróleo e gás. Utilizando uma nova sonda de perfuração, ela consegue, a cada 10 tentativas, localizar 1 poço de gás ou petróleo. Se a empresa perfurar 2 poços, qual será a probabilidade de encontrar:
   a. gás ou petróleo na primeira perfuração e não na segunda?
   b. petróleo ou gás em, pelo menos, uma das perfurações?

5) O tipo sanguíneo de cada indivíduo pode ser A, B, AB ou O. Além disso, para cada tipo sanguíneo há o fator Rh (+ ou −). Determine o espaço amostral para o tipo de sangue.

6) Uma caixa contém 14 bolas brancas e 10 vermelhas. São retiradas dela 2 bolas ao acaso e simultaneamente. Determine a probabilidade de:
   a. ambas serem brancas.
   b. ambas serem vermelhas.
   c. uma ser branca e a outra vermelha.
   d. ser uma de cada cor.

7) Foram coletadas informações de 66 alunos da Escola Superior de Educação referentes ao número de acessos à tutoria dos cursos de licenciatura e bacharelado em Matemática, na modalidade EaD. Fizeram parte da amostra alunos desses dois cursos e também de outros cursos da mesma escola, como demonstra a tabela a seguir.

Aluno	Número de acessos				
	0	1	2	3 ou mais	Total
Bacharelado	2	2	3	5	12
Licenciatura	5	3	12	10	29
Outros cursos	10	8	5	1	24
Total	15	15	20	16	66

a. Se um aluno for escolhido ao acaso, qual será a probabilidade de ele ser do bacharelado?
b. Se um aluno que nunca acessou a tutoria for escolhido ao acaso, qual será a probabilidade de ele ser de outro curso?
c. Se um aluno do curso de licenciatura for escolhido ao acaso, qual será a probabilidade de ele ter feito mais de 3 acessos na tutoria?
d. Qual é a probabilidade de o aluno escolhido ser do curso de licenciatura ou de outro curso?
e. Qual é a probabilidade de o aluno escolhido ser do curso de licenciatura e de outro curso?
f. Qual é a probabilidade de o aluno escolhido não ter feito um acesso?

8) Foram retiradas aleatória e sucessivamente 2 cartas de um baralho comum de 52 cartas. Determine a probabilidade de:
   a. a primeira carta não ser um ás de ouro ou uma dama.
   b. a primeira carta ser um rei, mas a segunda não.
   c. ao menos uma carta ser de espadas.

9) Foram lançados dois dados não viciados. Determine a probabilidade de a soma das faces ser:
   a. 4, sendo que o resultado do primeiro dado é 2.
   b. 6, sendo que uma das faces é par.
   c. 8, sendo que o resultado do primeiro dado é 3.
   d. 10, sendo que o resultado do primeiro dado é maior que o do segundo.
   e. maior que 5, sendo que o resultado do primeiro dado é 2.

10) A urna 1 contém 10 bolas brancas e 20 bolas vermelhas e a urna 2 contém 8 bolas brancas e 12 bolas vermelhas. Uma bola da urna 1 é escolhida ao acaso e colocada na urna 2. A seguir, uma bola é retirada da urna 2. Qual é a probabilidade de que essa bola seja branca?

11) Considere os eventos aleatórios A e B, de modo que $P(A) = \frac{2}{10}$, $P(B) = \frac{3}{10}$ e $P(A \cup B) = \frac{2}{5}$.
    Calcule:
    a. $P(A \cap B)$
    b. $P(A / B)$
    c. $P(A \cup B)^c$
    d. $P(A^c \cup B^c)$
    e. $P(A^c \cap B^c)$
    f. $P(A^c / B^c)$

12) Considere um lote com 100 pastilhas de freio para automóveis. Destas, 20 são consideradas defeituosas (D) por apresentarem alguma imperfeição. Foram recolhidas 3 pastilhas aleatoriamente, sem reposição. Determine a probabilidade de:
    a. as 3 serem defeituosas.
    b. apenas a terceira ser defeituosa.

13) Um conjunto hidráulico proveniente do controle de qualidade é inspecionado para detectar defeitos. Os registros históricos indicam que 8% dos conjuntos apresentam defeitos nos dutos, 6% apresentam defeitos nas buchas e 2% apresentam os dois defeitos. Um conjunto é selecionado aleatoriamente. Determine a probabilidade de ele apresentar defeitos nos dutos ou nas buchas.

14) Considere três urnas. A urna A contém 2 bolas brancas e 4 vermelhas; a urna B contém 4 bolas brancas e 2 vermelhas; e a urna C contém 3 bolas brancas e 3 vermelhas. Escolhe-se aleatoriamente uma bola.
   a. Qual é a probabilidade de a bola extraída ser da urna A, considerando-se que seja de cor branca?
   b. Qual é a probabilidade de a bola extraída ser da urna A, considerando-se que seja de cor vermelha?

15) Considere 2 urnas, a primeira (UA) com 2 bolas brancas e 3 vermelhas e a segunda (UB) com 4 bolas vermelhas e 10 brancas. É retirada aleatoriamente uma bola da urna A e, em seguida, ela é colocada na urna B. Retira-se da urna B uma bola. Determine a probabilidade de a bola extraída ser de cor branca.

Atividades de aprendizagem

Questões para reflexão

1) Dois tipos de pastilhas de freio para veículos (A e B) estão sendo testados para verificação de sua eficiência. Testes mostraram que, em caso de uso extremo, a pastilha A foi 95% eficaz, ao passo que a eficácia de B foi de 99%. Admitindo-se que 70% dos veículos utilizaram a pastilha tipo A e 30% a do tipo B, ao se selecionar um veículo aleatoriamente, qual é a probabilidade de que a peça seja eficiente em caso de uso extremo?

2) Considere os eventos A e B, de modo que $P(A) = 0,5$, $P(B) = 0,3$ e $P(A \cap B) = 0,1$.

   Calcule:
   a. $P(A / B)$
   b. $P(B / A)$
   c. $P(A / A \cup B)$
   d. $P(A / A \cap B)$
   e. $P(A \cap B / A \cup B)$

Atividade aplicada: prática

1) Considere o lançamento de um dado de 6 faces, não viciado, numerado de 1 a 6. Tendo em vista que o evento A é "a face voltada para cima é 6", faça 10, 20 e 40 lançamentos e verifique se, à medida que aumenta o número de lançamentos do dado, a probabilidade de o evento ocorrer se aproxima de $\frac{1}{6}$, isto é, $\lim_{n \to \infty} P(A) = \frac{1}{6}$.

Neste capítulo, apresentamos os conceitos de variável aleatória (VA), variável aleatória discreta, função de probabilidade (FP) e esperança, bem como algumas distribuições de probabilidades especiais. Uma VA é uma variável sujeita a variações aleatórias, de modo que ela pode assumir vários valores diferentes, cada um com uma probabilidade associada.

2
Variáveis aleatórias discretas e distribuições de probabilidades

2.1 Variável aleatória

No capítulo anterior, esclarecemos o conceito de espaço de probabilidades, que compreende a gama de resultados possíveis de um experimento aleatório. Conforme demonstramos, existem espaços amostrais cujos resultados possíveis não são numéricos, como no caso do lançamento de uma moeda, em que o espaço amostral é dado por $\Omega = \{cara, coroa\}$. Como o tratamento matemático exige resultados numéricos, é necessário introduzir um novo conceito na teoria das probabilidades: o de variável aleatória (VA).

Para o espaço amostral $\Omega = \{cara, coroa\}$, consideraremos que $\omega_1 = cara$ e $\omega_2 = coroa$ e que esses são acontecimentos elementares do espaço amostral. Se para cada acontecimento elementar do espaço amostral associarmos, por meio de uma regra, um número, então essa regra será uma VA, representada por letras maiúsculas (X, Y, Z etc.).

Para $\Omega = \{cara, coroa\}$, temos $X(\omega_1) = 0$ e $X(\omega_2) = 1$.

Consideremos a VA X no espaço de probabilidades $(\Omega, \mathcal{A}, P)$ e x como um número real fixo. Nesse caso, $X(\omega)$ é uma função real definida em Ω, $X(\omega) : \Omega \to \mathbb{R}$, de modo que $\{\omega \in \Omega : X(\omega) \leq x\} \in \mathcal{A}$ é um evento aleatório para todo $x \in \mathbb{R}$.

O conjunto de todos os valores de X e Ω são, respectivamente, o contradomínio e o domínio de $X(\omega)$.

Frequentemente, a expressão $\{\omega \in \Omega : X(\omega) \leq x\}$ pode ser abreviada por $\{X \leq x\}$, assim como $\{\omega \in \Omega : x_1 \leq X(\omega) \leq x_2\}$ pode ser $\{x_1 \leq X(\omega) \leq x_2\}$.

> **Preste atenção!**
> A VA é definida por Ω – domínio da função X(ω) –, e o contradomínio, por R (a imagem está contida em R).

Exemplo 2.1

Um estudante realiza um teste composto por 3 questões. As respostas dadas são independentes. Determine o espaço amostral e o contradomínio da função X(ω).

Consideremos para cada questão os seguintes eventos:

A: questão resolvida corretamente

A^c: questão resolvida incorretamente

O evento $A^c A^c A^c$ indica que o estudante resolveu incorretamente as 3 questões, ao passo que o evento $A^c A^c A$ evidencia que o estudante acertou apenas a terceira questão. Dessa forma, os resultados possíveis são:

$A^c A^c A^c$

$A^c A^c A$

$A^c A A^c$

$A^c A A$

$A A^c A^c$

$A A A^c$

$A A A$

Esses são os eventos elementares que formam o espaço amostral Ω:

$$\Omega = \{A^c A^c A^c, A^c A^c A, A^c A A^c, A^c A A, A A^c A^c, A A A^c, A A A\}$$

Agora, vamos determinar a VA pertinente ao problema e determinar o conjunto de valores possíveis, isto é, seu contradomínio $\mathbb{C}_X$:

X = número de questões resolvidas corretamente

Contradomínio: $\mathbb{C}_X = \{0, 1, 2, 3\}$

Então:

$\omega_1 = A^c A^c A^c \Rightarrow X(\omega_1) = 0$

$\omega_2 = A^c A^c A, \omega_3 = A^c A A^c, \omega_4 = A A^c A^c \Rightarrow X(\omega_2) = X(\omega_3) = X(\omega_4) = 1$

$\omega_5 = A^c A A, \omega_6 = A A^c A, \omega_7 = A A A^c \Rightarrow X(\omega_5) = X(\omega_6) = X(\omega_7) = 2$

$\omega_8 = A A A \Rightarrow X(\omega_8) = 3$

2.2 Variável aleatória discreta

Consideremos X uma VA definida no espaço amostral Ω. Nesse caso, X será uma VA discreta se assumir somente um número enumerável ou contável de valores, finitos ou infinitos.

Exemplo 2.2

Quais VAs, citadas a seguir, são discretas?

a) O número de pessoas que chega à sala de emergência de um posto de saúde entre 6 e 12 horas.
b) O peso de um pacote de feijão de 1 kg, considerando-se que ocorre a variação do peso no processo de empacotamento.
c) O tempo de duração de atendimento de um cliente em uma loja comercial.
d) O número de grãos em um pacote de feijão de 1 kg, considerando-se que ocorre a variação do peso no processo de empacotamento.
e) O número de candidatos para a vaga de um emprego.

Nesse caso, as variáveis discretas são as citadas em *a*, *d*, e *e*.

2.3 Função de probabilidade

Consideremos X uma VA discreta definida em Ω, de modo que $X(\omega) \in \{x_1, x_2, x_3, ...\}$, em que $x_1, x_2, x_3, ...$ são os valores possíveis para X. Nesse caso, podemos afirmar que $p_X(x) = P(X = x_i)$ uma função de probabilidade (FP) de X, visto que:

I. $p_X(x) \geq 0$, para todo $x \in \mathbb{R}$
II. $\sum_x p_X(x) = 1$

Exemplo 2.3

Um experimento consiste em lançar duas vezes a mesma moeda. O espaço amostral é:

$\Omega = \{(cara, cara), (cara, coroa), (coroa, cara), (coroa, coroa)\}$

No evento "a face é cara", a FP da variável X é dada por:

x	p(x)
0	$\frac{1}{4}$

ou

$$p_X(x) = P(X = x_i) = \begin{cases} 0, \text{ caso contrário} \\ \frac{1}{2}, \text{ se } x = 1 \\ \frac{1}{4}, \text{ se } x = 0 \text{ ou } x = 2 \end{cases}$$

Dessa forma, o gráfico da FP será o mostrado a seguir.

Gráfico 2.1 – Função de probabilidade (FP)

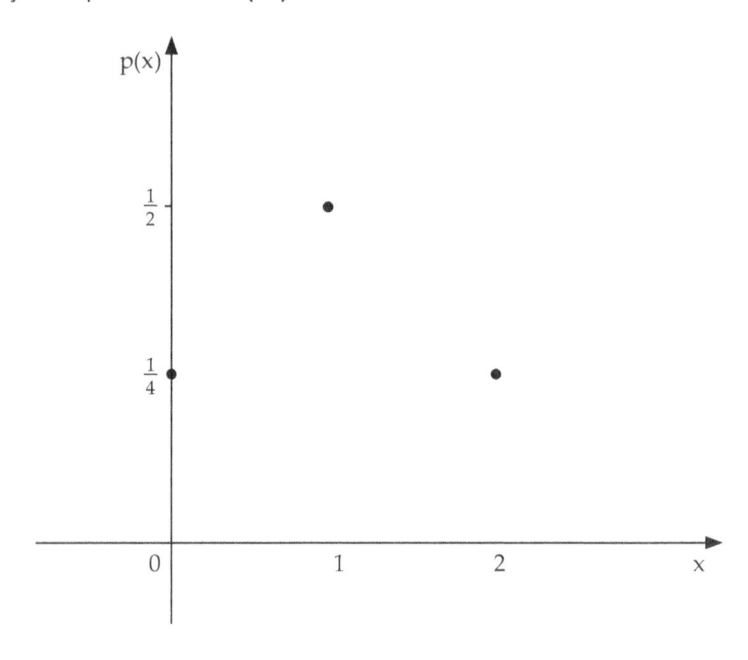

Exemplo 2.4

Um estudante realiza um teste composto por 3 questões. As respostas dadas são independentes e sabe-se que a probabilidade de ele acertar qualquer uma das questões é de 60%. Determine a FP.

Resolução:

No Exemplo 2.1, sobre VAs discretas, o espaço amostral é dado por $\Omega = \{A^cA^cA^c, A^cA^cA, A^cAA^c, A^cAA, AA^cA^c, AA^cA, AAA^c, AAA\}$, e o contradomínio de X é $\mathbb{C}_X = \{0, 1, 2, 3\}$.

Calculemos as probabilidades, considerando que os eventos são independentes:

$P(X = 0) = P(A^cA^cA^c)$
$= P(A^c) \cdot P(A^c) \cdot P(A^c)$
$= 0{,}40 \cdot 0{,}40 \cdot 0{,}40$
$= 0{,}064 = \dfrac{8}{125}$

$P(X = 1) = P(A^cA^cA) + P(A^cAA^c) + P(AA^cA^c)$
$= 0{,}4 \cdot 0{,}4 \cdot 0{,}6 + 0{,}4 \cdot 0{,}6 \cdot 0{,}4 + 0{,}6 \cdot 0{,}4 \cdot 0{,}4$
$= 3 \cdot 0{,}096 = 0{,}288 = \dfrac{36}{125}$

$$P(X = 2) = P(A^cAA) + P(AA^cA) + P(AAA^c)$$
$$= 0{,}4 \cdot 0{,}6 \cdot 0{,}6 + 0{,}6 \cdot 0{,}4 \cdot 0{,}6 + 0{,}6 \cdot 0{,}6 \cdot 0{,}4$$
$$= 3 \cdot 0{,}144 = 0{,}432 = \frac{54}{125}$$

$$P(X = 3) = P(AAA)$$
$$= 0{,}6 \cdot 0{,}6 \cdot 0{,}6 = 0{,}216 = \frac{27}{125}$$

Logo, a FP tem a forma:

$$P(X = x) = \begin{cases} \dfrac{8}{125}, & x = 0 \\ \dfrac{36}{125}, & x = 1 \\ \dfrac{54}{125}, & x = 2 \\ \dfrac{27}{125}, & x = 3 \\ 0, & x \neq 0, 1, 2, 3 \end{cases}$$

2.4 Função de distribuição

A função de distribuição acumulada ou função de distribuição (FD) da VA discreta X é definida por $F_X(x) = P(X \leq x)$.

Exemplo 2.5

No lançamento sucessivo de um dado não viciado, o espaço amostral é dado por $\Omega = \{1, 2, 3, 4, 5, 6\}$. Os acontecimentos elementares são $\omega_1 = 1$, $\omega_2 = 2$, $\omega_3 = 3$, $\omega_4 = 4$, $\omega_5 = 5$ e $\omega_6 = 6$, isto é, a cada resultado possível de um lançamento do dado, podemos associar um de seus números (1, 2, 3, 4, 5 ou 6) à face voltada para cima. A VA X pode tomar um dos seis valores $x_i = i$, em que $i = 1, 2, 3, 4, 5, 6$, com a mesma medida de probabilidade $P(X = x_i) = \frac{1}{6}$. A FP de X é dada por:

$$p_X(x) = P(X = x_i) = \begin{cases} \dfrac{1}{6}, & \text{se } x = 1, 2, 3, 4, 5, 6 \\ 0, & \text{caso contrário} \end{cases}$$

Para a FD, temos que:

Se $1 \leq x < 2$:

$$P(X \leq x) = P(X = 1) = \frac{1}{6}$$

Se $2 \leq x < 3$:

$$P(X \leq x) = P(X = 1) + P(X = 2) = \frac{1}{6} + \frac{1}{6} = \frac{2}{6} = \frac{1}{3}$$

Se $3 \leq x < 4$:

$$P(X \leq x) = P(X = 1) + P(X = 2) + P(X = 3) = \frac{1}{6} + \frac{1}{6} + \frac{1}{6} = \frac{1}{2}$$

Se $4 \leq x < 5$:

$$P(X \leq x) = P(X = 1) + P(X = 2) + P(X = 3) + P(X = 4) = \frac{1}{6} + \frac{1}{6} + \frac{1}{6} + \frac{1}{6} = \frac{2}{3}$$

Se $5 \leq x < 6$:

$$P(X \leq x) = P(X = 1) + P(X = 2) + P(X = 3) + P(X = 4) + P(X = 5)$$
$$= \frac{1}{6} + \frac{1}{6} + \frac{1}{6} + \frac{1}{6} + \frac{1}{6} = \frac{5}{6}$$

Se $x \geq 6$:

$$P(X \leq x) = P(X = 1) + P(X = 2) + P(X = 3) + P(X = 4) + P(X = 5) + P(X = 6)$$
$$= \frac{1}{6} + \frac{1}{6} + \frac{1}{6} + \frac{1}{6} + \frac{1}{6} + \frac{1}{6} = 1$$

Logo, a FD é dada por:

$$F_X(x) = P(X \leq x) = \begin{cases} 0, & x < 1 \\ \dfrac{1}{6}, & 1 \leq x < 2 \\ \dfrac{1}{3}, & 2 \leq x < 3 \\ \dfrac{1}{2}, & 3 \leq x < 4 \\ \dfrac{2}{3}, & 4 \leq x < 5 \\ \dfrac{5}{6}, & 5 \leq x < 6 \\ 1, & x \geq 6 \end{cases}$$

2.5 Esperança matemática

Consideremos X uma VA discreta com FP $p_X(x)$ e x_i um elemento do contradomínio de $X(\omega)$. O valor esperado (ou esperança matemática, média ou expectância) de X é definido por:

$$E(X) = \mu_x = \sum_i x_i p_X(x_i)$$

Propriedades

I. $E(k) = k$, sendo k uma constante.

Demonstração:

$$E(k) = \sum_{i=1}^{n} k \cdot p_X(x_i) = k \cdot \sum_{i=1}^{n} p_X(x_i) = k \cdot 1 = k$$

II. $E(kX) = kE(X)$

Demonstração:

$$E(kX) = \sum_{i=1}^{n} k \cdot x_i \cdot p_X(x_i) = k \cdot x_i E(k) = k \sum_{i=1}^{n} x_i \cdot p_X(x_i) = k \cdot E(X)$$

III. $E(X \pm Y) = E(X) \pm E(Y)$

IV. $E(aX \pm bY) = aE(X) \pm bE(Y)$

V. $E(X - \mu_x) = 0$

Demonstração:

$E(X - \mu_x) = E(X) - E(\mu_x) = \mu_x - \mu_x = 0$

Exemplo 2.6

Na montagem de um equipamento, são utilizadas duas peças, denominadas A e B. A probabilidade de A ser defeituosa é de 0,02 e a de B é de 0,03. No caso de ambas serem defeituosas, o equipamento é descartado para reciclagem, gerando um prejuízo de R$ 5,00. Quando a peça B é defeituosa, é possível fazer o reparo, com lucro de R$ 5,00. Quando a peça A é defeituosa, o reparo é feito e o lucro, nesse caso, é de R$ 10,00. Quando ambas as peças são perfeitas, o lucro obtido é de R$ 15,00. Determine o lucro esperado, a FP e a FD[1].

a) Lucro esperado:

$$E(X) = \mu_x = \sum_i x_i p(x_i)$$
$$= -5 \cdot P(X = -5) + 5 \cdot P(X = 5) + 10 \cdot P(X = 10) + 15 \cdot P(X = 15)$$
$$= -5 \cdot 0{,}02 \cdot 0{,}03 + 5 \cdot 0{,}98 \cdot 0{,}03 + 10 \cdot 0{,}02 \cdot 0{,}97 + 15 \cdot 0{,}98 \cdot 0{,}97$$
$$= R\$\ 14{,}597$$

b) FP:

$$P(X = x) = \begin{cases} 0{,}0006, & \text{se } x = -5 \\ 0{,}0294, & \text{se } x = 5 \\ 0{,}0194, & \text{se } x = 10 \\ 0{,}9506, & \text{se } x = 15 \\ 0, & \text{se } x \neq -5,\ 5,\ 10,\ 15 \end{cases}$$

c) FD:

$$F_X(x) = P(X \leq x) = \begin{cases} 0, & \text{se } x < -5 \\ 0{,}0006, & \text{se } -5 \leq x < 5 \\ 0{,}03, & \text{se } 5 \leq x < 10 \\ 0{,}0494, & \text{se } 10 \leq x < 15 \\ 1, & \text{se } x \geq 15 \end{cases}$$

---

1 Exemplo elaborado com base em Morettin (1999, p. 72).

Exemplo 2.7

Considere a VA discreta com a FD dada por:

$$P(X = x) = \begin{cases} kx, \text{ se } x = 0, 1, 2, 3 \\ 0, \text{ se } x \neq 0, 1, 2, 3 \end{cases}$$

Sendo $k \in \mathbb{R}$, determine:

a) o valor de k.

$P(X = 0) + P(X = 1) + P(X = 2) + P(X = 3) = 1 \Rightarrow 0x + k \cdot 1 + k \cdot 2 + k \cdot 3 = 1$

$k = \dfrac{1}{6}$

b) o valor esperado.

$$E(X) = \mu_x = \sum_i x_i \, p_X(x_i) = 0 + 1 \cdot \dfrac{1}{6} + 2 \cdot \dfrac{2}{6} + 3 \cdot \dfrac{3}{6} = \dfrac{14}{6} = \dfrac{7}{3}$$

c) a FD.

$$F_X(x) = P(X \leq x) = \begin{cases} 0, \text{ se } x < 1 \\ \dfrac{1}{6}, \text{ se } 1 \leq x < 2 \\ \dfrac{1}{2}, \text{ se } 2 \leq x < 3 \\ 1, \text{ se } x \geq 3 \end{cases}$$

d) $P(X = 2)$

Temos que $P(X = x) = \dfrac{1}{6}x$.

Para $x = 2$:

$P(X = 2) = \dfrac{1}{6} \cdot 2 = \dfrac{2}{6} = \dfrac{1}{3}$

2.6 Variância

A variância de uma VA discreta é definida por:

$$\text{Var}(X) = \sigma^2 = E\big[X - E(X)\big]^2 = E(X^2) - \big[E(X)\big]^2 = \sum_{i=1}^{n}\big[x_i - E(X)\big]^2 p_X(x_i)$$

A raiz quadrada da variância da VA X é denominada *desvio padrão da VA X*:

$$\sigma = \sqrt{\text{Var}(X)}$$

Para o exemplo anterior, calculemos a variância e o desvio padrão.

Primeiro, é preciso calcular $E(X^2)$:

$$E(X^2) = \sum_i x_i^2\ p_X(x_i)$$
$$= (-5)^2 \cdot P(X = -5) + 5^2 \cdot P(X = 5) + 10^2 \cdot P(X = 10) + 15^2 \cdot P(X = 15)$$
$$= 25 \cdot 0{,}02 \cdot 0{,}03 + 25 \cdot 0{,}98 \cdot 0{,}03 + 100 \cdot 0{,}02 \cdot 0{,}97 + 225 \cdot 0{,}98 \cdot 0{,}97 = R\$\ 216{,}575$$

Cálculo da variância:

$$\text{Var}(X) = E(X^2) - \big[E(X)\big]^2 = 216{,}575 - 14{,}597^2 = 3{,}502591\ \text{u.m.}^2\ (\text{u.m.} = \text{unidades monetárias})$$

Cálculo do desvio padrão:

$$\sigma = \sqrt{\text{Var}(X)} = \sqrt{3{,}502591} = 1{,}87\ \text{u.m.}$$

Propriedades

I. $\text{Var}(k) = 0$

   Demonstração:

   $\text{Var}(k) = E\{[k - E(k)]^2\} = E\{k - k\} = E\{0\} = 0$

II. $\text{Var}(kX) = k^2 \text{Var}(X)$

   Demonstração:

   $\text{Var}(kX) = E\{[kX - E(kX)]^2]\} = E\{[kX - kE(X)]^2\} = E\{k^2[X - E(X)]^2\} = k^2 E\{[X - E(X)]^2\} = k^2 \text{Var}(X)$

III. $Var(aX \pm b) = a^2 Var(X)$

Demonstração:

$Var(aX + b) = E\{[aX + b - E(aX + b)]^2\} = E\{[aX + b - aE(X) - b]^2\} = E\{[aX - aE(X)]^2\} = a^2 E\{[X - E(X)]^2\} = a^2 Var(X)$

Exemplo 2.8
A VA tem a seguinte distribuição de probabilidade:

x	77	78	79	80	81
P(X = x)	0,15	0,15	0,2	0,4	0,1

Tendo isso em vista, determine:

a) $P(X = 80)$.
$P(X = 80) = 0,4$

b) $P(X > 80)$.
$P(X > 80) = P(X = 81) = 0,1$

c) $P(X \geq 80)$.
$P(X \geq 80) = P(X = 80) + P(X = 81) = 0,4 + 0,1 = 0,5$

d) a média de X.

$E(X) = \sum_i x_i p(x_i) = 77 \cdot 0,15 + 78 \cdot 0,15 + 79 \cdot 0,2 + 80 \cdot 0,4 + 81 \cdot 0,1 = 79,15$

e) a variância de X.

$Var(X) = E(X^2) - [E(X)]^2 =$
$E(X^2) = 77^2 \cdot 0,15 + 78^2 \cdot 0,15 + 79^2 \cdot 0,2 + 80^2 \cdot 0,4 + 81^2 \cdot 0,1 = 6\,266,25$
$Var(X) = 6\,266,25 - 79,15^2 = 1,5275$

2.7 Distribuições teóricas de probabilidades de variáveis aleatórias discretas
A seguir, descrevemos as principais FPs para variáveis discretas.

2.7.1 Distribuição binomial
A distribuição binominal é uma distribuição discreta de probabilidade aplicável a eventos provenientes de uma série de experimentos aleatórios, que constituem o chamado **processo de Bernoulli**. Cada experimento é denominado *tentativa*.

Um processo de Bernoulli é um processo de amostragem no qual são aplicáveis as seguintes suposições:

I. Existem dois resultados possíveis: sucesso ou fracasso.
II. O processo é estacionário, isto é, a probabilidade permanece constante de tentativa para tentativa.
III. É constituído de eventos independentes.

A distribuição binomial pode ser utilizada para determinar a probabilidade de se obter o número de sucesso ou fracasso em *n* tentativas (fixas) do processo de Bernoulli. Os valores necessários são o número de sucessos (X), o número de tentativas ou observações (n) e a probabilidade de sucesso em cada tentativa (p). O modelo de probabilidade, isto é, a FD, é dado por:

$$P(X = x) = \binom{n}{x} p^x (1-p)^{n-x}, \text{ em que } \binom{n}{x} = \frac{n!}{x!(n-x)!}$$

A VA X tem distribuição binomial, isto é, X ~ b(n, p). O valor esperado e a variância são dados por:

$$E(x) = np \text{ e } Var(x) = np(1-p)$$

Gráfico 2.2 – Função de probabilidade binomial para n = 10 e p = 0,3

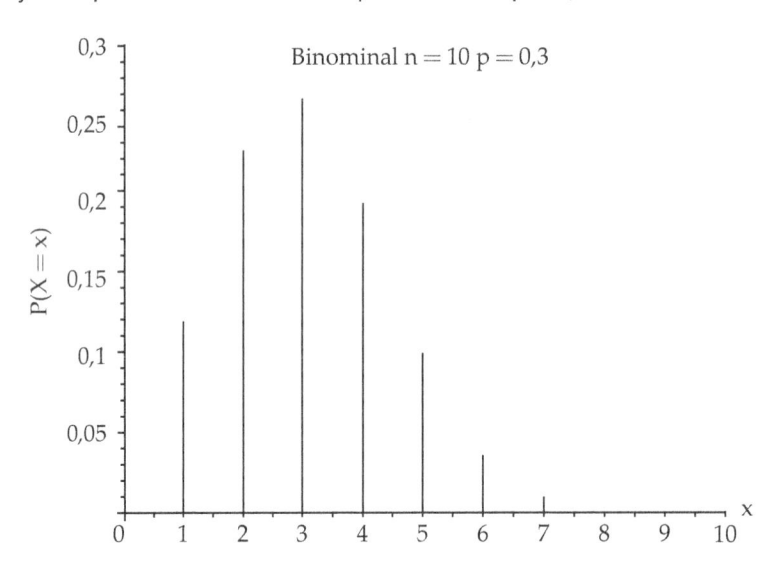

Exemplo 2.9

Um vendedor deve visitar 10 clientes de sua empresa. A probabilidade de ele realizar 1 venda, já simulada anteriormente, é de 0,2. Determine:

a) a probabilidade de ele realizar 5 vendas.

Observemos que:
- o número de sucessos (X) é 5;
- o número de tentativas ou observações (n) é 10;
- a probabilidade de sucesso em cada tentativa é de p = 0,2.

$$P(X = 5) = \binom{10}{5} \cdot 0,2^5 \cdot (1 - 0,2)^{10-5} = 0,0264$$

b) a probabilidade de o vendedor realizar menos de 2 vendas.

Observemos que:
- o número de sucessos é $X \geq 2$;
- o número de tentativas ou observações (n) é 10;
- a probabilidade de sucesso em cada tentativa é de p = 0,2.

$$P(X \geq 2) = P(X = 2) + P(X = 3) + \ldots + P(X = 10) = 1 - P(X = 0) - P(X = 1) = 0,9712$$

c) a probabilidade de o vendedor não realizar venda alguma.

Observemos que:
- o número de sucessos é X = 0;
- o número de tentativas ou observações (n) é 10;
- a probabilidade de sucesso em cada tentativa é de p = 0,2.

$$P(X = 0) = \binom{10}{0} \cdot 0,2^0 \cdot (1 - 0,2)^{10 - 0} = 0,1074$$

d) a média e a variância.

$E(X) = np = 10 \cdot 0,2 = 2$ e $Var(X) = np(1 - p) = 10 \cdot 0,2 \cdot 0,8 = 1,6$

Exemplo 2.10

O técnico em qualidade de uma empresa metalúrgica deve fazer um teste em peças metálicas. O histórico da produção demonstra que 90% delas estão em conformidade com as especificações do produto. Para realizar a tarefa, o técnico deve selecionar 12 peças da produção do dia, o que é aceitável desde que não exista mais de uma peça fora das especificações na amostra (caso contrário, a produção inteira deve ser testada).

a) Dado que a produção do dia tem apenas 80% das peças em conformidade, qual é a probabilidade de o técnico cometer o erro de considerar que as peças estão em conformidade?

Observemos que:
- o número de tentativas é n = 12;
- a probabilidade de as peças não estarem em conformidade é de p = 1 − 0,8 = 0,2;

- o número de sucessos é X ≤ 1 (o técnico aceita a produção se até uma peça não estiver em conformidade).

$$P(X \leq 1) = P(X = 0) + P(X = 1) = \binom{12}{0} \cdot 0{,}2^0 \cdot (1 - 0{,}2)^{12 - 0} + \binom{12}{1} \cdot 0{,}2^1 \cdot (1 - 0{,}2)^{12 - 1}$$
$$= 0{,}06872 + 0{,}2062 = 0{,}27492$$

b) Qual é a probabilidade de o técnico fazer o teste em toda a produção desnecessariamente, visto que a produção do dia atende às especificações?

Observemos que:
- o número de tentativas é n = 12;
- a probabilidade de a peça não estar em conformidade é de p = 1 − 0,9 = 0,1;
- o número de sucessos é X ≤ 1 (o técnico aceita a produção se até uma peça não estiver em conformidade).

$$P(X \leq 1) = P(X = 0) + P(X = 1) = \binom{12}{0} \cdot 0{,}1^0 \cdot (1 - 0{,}1)^{12 - 0} + \binom{12}{1} \cdot 0{,}1^1 \cdot (1 - 0{,}1)^{12 - 1}$$
$$= 0{,}28243 + 0{,}37657 = 0{,}659$$

A probabilidade de a produção do dia ser aceita sem a inspeção total é de 65,9%. Logo, a probabilidade de o lote do dia ser inspecionado desnecessariamente é de 1 − 0,659 = 0,341 ou 34,1%.

Exemplo 2.11

As peças produzidas por uma indústria de autopeças passam por tratamento térmico para aumentar a dureza de sua superfície. Em um ensaio de dureza realizado com 100 peças que passaram por tratamento térmico, 20 peças apresentaram dureza superficial fora das especificações exigidas. Desse lote de 100 peças são retiradas 10 peças. Determine a probabilidade de, nessa amostra:

a) haver 3 peças de acordo com as especificações exigidas.

Observemos que:
- a proporção de peças defeituosas (fora das especificações) é de $p = \frac{20}{100} = 0{,}20$;
- a proporção de peças de acordo com as especificações exigidas é de $p = \frac{80}{100} = 0{,}80$;
- a variável é X = 3.

$$P(X = 3) = \binom{10}{3} \cdot 0{,}8^3 \cdot (1 - 0{,}8)^{10 - 3} = 120 \cdot 0{,}512 \cdot 0{,}0000128 = 0{,}00786432$$

b) haver 5 peças de acordo com as especificações exigidas.
- variável: X = 5

$$P(X = 5) = \binom{10}{5} \cdot 0{,}8^5 \cdot (1 - 0{,}8)^{10-5} = 0{,}0264$$

c) haver, pelo menos, 3 peças defeituosas.

Observemos que:
- a proporção de peças defeituosas (fora das especificações) é de $p = \frac{20}{100} = 0{,}20$;
- a variável é $X \geq 3$.

$$P(X \geq 3) = P(X = 3) + P(X = 4) + P(X = 5) + \ldots + P(X + 10)$$
$$= 1 - P(X = 0) - P(X = 1) - P(X = 2)$$
$$= 1 - \binom{10}{0} \cdot 0{,}2^0 \cdot (1-0{,}2)^{10-0} - \binom{10}{1} \cdot 0{,}2^1 \cdot (1-0{,}2)^{10-1} - \binom{10}{2} \cdot 0{,}2^2 \cdot (1-0{,}2)^{10-2}$$
$$= 1 - 0{,}1073 - 0{,}2684 - 0{,}3020 = 1 - 0{,}6777 = 0{,}3223$$

2.7.2 Distribuição de Poisson

A distribuição de Poisson é uma distribuição de probabilidade discreta, similar ao processo de Bernoulli, para a contagem de eventos que ocorrem aleatoriamente em determinado intervalo de tempo ou espaço (intervalo contínuo). Essa distribuição leva em conta o número de sucessos no intervalo. A VA X descreve o número de ocorrências de um evento em um intervalo de tempo ou espaço.

Se considerarmos X a VA discreta definida por uma distribuição de Poisson, com média de ocorrências $\lambda > 0$, então:

$$P(X = x) = \frac{\lambda^x \cdot e^{-\lambda}}{x!},$$

com x = 0, 1, 2, 3, ..., em que x é o número de sucessos que ocorrem em um intervalo.

Para $X \sim p(\lambda)$, a média e a variância são dadas, respectivamente, por:

$E(X) = \lambda$ e $Var(X) = \lambda$

Exemplo 2.12

Um vendedor de seguros vende, em média, 5 seguros de vida por semana (semana de 5 dias úteis). Use a distribuição de Poisson para determinar:

a) a probabilidade de o vendedor efetuar, pelo menos, 1 venda por semana.

$\lambda = 5$ dias úteis

$$P(X \geq 1) = 1 - P(X = 0) = 1 - \frac{5^0 \cdot e^{-5}}{0!} = 0,9933$$

b) a probabilidade de o vendedor efetuar 2 vendas em 3 dias úteis.

$$P(X = 3) = \frac{3^2 \cdot e^{-3}}{2!} = 0,0249$$

c) a média e a variância.

$\lambda = 5$ por 5 dias úteis
Var(X) = 5

Exemplo 2.13

Uma amostra com 20 lâminas de aço foi examinada para se verificar a existência de falhas na superfície. A tabela a seguir indica a frequência de defeitos.

Nº de defeitos	Frequência
0	4
1	3
2	5
3	2
4	3
5	2
6	1
Total	20

Determine a probabilidade de, em uma folha:

a) não haver defeito.

Cálculo da média:

$$\lambda = \frac{0 \cdot 4 + 1 \cdot 3 + 2 \cdot 5 + 3 \cdot 2 + 4 \cdot 3 + 5 \cdot 2 + 6 \cdot 1}{20} = 2,35 \text{ por folha}$$

$$P(X = 0) = \frac{2,35^0 \cdot e^{-2,35}}{0!} = 0,09536$$

b) haver 3 ou mais falhas.

$$P(X \geq 3) = 1 - \frac{2,35^0 \cdot e^{-2,35}}{0!} - \frac{2,35^1 \cdot e^{-2,35}}{1!} - \frac{2,35^2 \cdot e^{-2,35}}{2!} = 1 - 0,5828 = 0,4172$$

2.7.3 Distribuição de Pascal ou binomial negativa

Consideremos X a VA discreta que indica o número de repetições (independentes) necessárias para que o evento A ocorra pela k-ésima vez. Nesse contexto, é definida como VA discreta com distribuição de Pascal.

$$P(X = x) = \binom{x-1}{k-1} p^k (1-p)^{x-k}, x \geq k \text{ e } P(A) = p$$

A média e a variância são dadas, respectivamente, por:

$$E(X) = \frac{k}{p}$$

$$Var(X) = \frac{k(1-p)}{p^2}$$

Exemplo 2.14

Uma companhia petrolífera conduz a procura de petróleo em determinada região, com 20% de chance de encontrá-lo em cada perfuração.

a) Qual é a probabilidade de que seja necessário perfurar 3 lugares diferentes para se encontrar petróleo pela primeira vez?

$x = 3, k = 1, p = 0{,}2$

$$P(X = x) = \binom{3-1}{1-1} \cdot 0{,}2^1 \cdot (1 - 0{,}2)^{3-1} = 0{,}128$$

b) Qual é a probabilidade de que seja necessário perfurar 7 lugares diferentes para se encontrar petróleo pela terceira vez?

$x = 7, k = 3, p = 0{,}2$

$$P(X = 7) = \binom{7-1}{3-1} \cdot 0{,}2^3 \cdot (1 - 0{,}2)^{7-3} = 0{,}49152$$

c) Quais são a média e a variância?

$$E(X) = \frac{k}{p} = \frac{3}{0{,}2} = 15$$

$$\text{Var}(X) = \frac{k(1-p)}{p^2} = \frac{3(1-0,2)}{0,2^2} = 60$$

Exemplo 2.15

Um médico faz um estudo sobre o parto natural. Para que possa realizar sua pesquisa, deve convidar casais que estejam esperando o primeiro filho e em condições de participar do estudo. Se a probabilidade de um casal aceitar participar é de 0,2, qual é a probabilidade de que seja necessário entrevistar 15 casais para que a resposta "sim" seja dada pela quinta vez?

$$P(X=15) = \binom{15-1}{5-1} \cdot 0,2^5 \cdot (1-0,2)^{15-5} \cong 0,0344$$

2.7.4 Distribuição hipergeométrica

Se a retirada da amostra de uma população finita (N), com k ocorrências (sucessos) de determinado evento, não implicar reposição, a probabilidade p não será constante. Em decorrência disso, não podemos aplicar o processo de Bernoulli, sendo necessário outro modelo de probabilidade.

Consideremos X a VA que indica determinado número de sucessos, isto é, o número de elementos que detêm a característica elencada entre os n retirados de uma população N, com k sucessos. Então, a probabilidade é:

$$P(X=x) = \frac{\binom{N-k}{n-x}\binom{k}{x}}{\binom{N}{n}}$$

A média e a variância são dadas, respectivamente, por:

$$E(X) = np$$

$$\text{Var}(X) = np(1-p)\frac{N-n}{N-1} \text{ e } p = \frac{k}{N}$$

Exemplo 2.16

Uma empresa de montagem de computadores recebe de seu fornecedor um lote com 20 placas-mãe (*motherboard*) para a montagem de seus produtos. Consideremos que o lote recebido contém 8 placas com falha na solda de um componente que afeta consideravelmente seu desempenho. Uma amostra de 5 dessas placas é selecionada simultaneamente para a inspeção de qualidade.

a) Qual é a probabilidade de que exatamente 2 das placas selecionadas não tenham falha na solda?

N = 20, k = 12, n = 5 e x = 2

$$P(X = x) = \frac{\binom{N-k}{n-x}\binom{k}{x}}{\binom{N}{n}} = \frac{\binom{20-12}{5-2}\binom{12}{2}}{\binom{20}{5}} = \frac{56 \cdot 66}{15\,504} \cong 0{,}2389$$

$$p = \frac{12}{20} = 0{,}6$$

b) Quais são a média e a variância?

E(X) = np = 5 · 0,6 = 3

$$Var(X) = 5 \cdot 0{,}6 \cdot (1 - 0{,}6) \cdot \frac{15}{19} \cong 0{,}947$$

Exemplo 2.17

A empresa Plastike produz garrafas PET que, de acordo com suas especificações, devem suportar, pelo menos, 200 psi de pressão. Em um lote com 10 garrafas, há uma que não atende às especificações.

a) Se, desse lote, 7 garrafas são escolhidas aleatoriamente, qual é a probabilidade de que nenhuma seja defeituosa?

A proporção de garrafas defeituosas não é constante, por isso não podemos utilizar a distribuição binomial.

N = 10, k = 1, n = 7 e x = 0

$$P(X = x) = \frac{\binom{N-k}{n-x}\binom{k}{x}}{\binom{N}{n}} = \frac{\binom{10-1}{7-0}\binom{1}{0}}{\binom{10}{7}} = \frac{36}{120} = 0{,}30$$

b) Suponhamos que a proporção de garrafas defeituosas seja de 10% (por conhecimento histórico da fábrica). Para uma produção grande das unidades, qual é a probabilidade de que uma amostra aleatória não contenha garrafas fora das especificações?

Como a proporção de garrafas defeituosas é constante, devemos utilizar a distribuição binomial.

Observemos que:
- a proporção de garrafas defeituosas é p = 0,10;
- a proporção de peças de acordo com as especificações exigidas é p = 0,90;
- a variável é X = 0.

$$P(X=0) = \binom{7}{0} \cdot 0,1^0 \cdot (1-0,1)^{7-0} = 0,4783$$

2.7.5 Distribuição polinomial ou multinomial

Consideremos um experimento aleatório executado n vezes, tendo em vista os k eventos A_1, A_2, ..., A_k, com probabilidades $P(A_1) = p_1$, $P(A_2) = p_2$, ..., $P(A_k) = p_k$ (sem reposição), e as VAs discretas X_1, X_2, ..., X_k, que indicam o número de ocorrências de A_1, A_2, ..., A_k, respectivamente, com $X_1, X_2, ..., X_k = n$. Diante dessa perspectiva, a VA discreta X tem distribuição multinomial ou polinomial e o modelo de probabilidade é dado por:

$$P(X_1 = x_1, X_2 = x_2, \cdots, X_k = x_k) = \frac{n!}{x_1! \cdot x_2! \cdots x_k!} \cdot p_1^{(x_1)} \cdot p_2^{(x_2)} \cdots p_k^{(x_k)}$$

O valor esperado e a variância são:

$E(x_i) = np_i$
$Var(x) = np_i(1-p_i)$

Exemplo 2.18

São retiradas 10 cartas simultaneamente de um baralho de 52 cartas. Qual é a probabilidade de se obterem 2 cartas de espadas, 3 de ouros, 3 de paus e 2 de copas?

$$P(X_1 = 2, X_2 = 3, X_3 = 3, X_4 = 2) = \frac{n!}{x_1! \cdot x_2! \cdots x_k!} \cdot p_1^{x_1} \cdot p_2^{x_2} \cdots p_k^{x_k} = \frac{10!}{2!3!3!2!} \cdot$$
$$0,25^2 \cdot 0,25^3 \cdot 0,25^3 \cdot 0,25^2 = 25\,200 \cdot 0,25^{10} \cong 0,024$$

Exemplo 2.19

Um dado é lançado 20 vezes. Qual é a probabilidade de que cada face fique voltada para cima exatamente 4 vezes?

$$P(X_1 = 4, X_2 = 4, X_3 = 4, X_4 = 4, X_5 = 4, X_6 = 4) = \frac{n!}{x_1! \cdot x_2! \cdot \ldots \cdot x_k} \cdot p_1^{x_1} \cdot p_2^{x_2} \cdot \ldots \cdot p_k^{x_k} = \frac{20!}{5!^6} \cdot \left(\frac{1}{6}\right)^4 \cdot \left(\frac{1}{6}\right)^4 \cdot \left(\frac{1}{6}\right)^4 \cdot \left(\frac{1}{6}\right)^4 \cdot \left(\frac{1}{6}\right)^4 \cdot \left(\frac{1}{6}\right)^4 = \frac{20!}{5!^6} \cdot \left(\frac{1}{6}\right)^{24}$$

2.7.6 Distribuição geométrica

A VA discreta X indica o número de tentativas, no processo de Bernoulli, necessárias ao aparecimento do primeiro sucesso, ao passo que *p* representa a probabilidade de sucesso. Dessa forma, a variável X tem distribuição discreta geométrica e o modelo de probabilidade é dado por:

$$P(X = x) = p(1 - p)^{x-1}$$

A média e a variância são determinadas da seguinte maneira:

$$E(X) = \frac{1}{p}$$

$$Var(X) = \frac{1-p}{p^2}$$

Exemplo 2.20

Uma companhia petrolífera conduz a procura de petróleo em determinada região, com 20% de chance de encontrá-lo em cada perfuração.

a) Qual é a probabilidade de que seja necessário perfurar 3 lugares diferentes para se encontrar petróleo pela primeira vez?

x = 3 e p = 0,2

$P(X = x) = 0{,}2^1 \cdot (1 - 0{,}2)^{3-1} = 0{,}128$

b) Qual é a probabilidade de que seja necessário perfurar 7 lugares diferentes para se encontrar petróleo pela primeira vez?

x = 7, k = 1, p = 0,2

$P(X = 7) = 0{,}2^1 \cdot (1 - 0{,}2)^{7-1} \cong 0{,}0524$

c) Quais são a média e a variância?

$E(X) = \frac{k}{p} = \frac{1}{0{,}2} = 5$

$Var(X) = \frac{k(1-p)}{p^2} = \frac{1 \cdot (1 - 0{,}2)}{0{,}2^2} = 20$

Síntese

Neste capítulo, apresentamos a variável aleatória (VA) discreta e seus principais modelos de probabilidade. Conforme demonstramos, para modelar um sistema probabilístico, é preciso **definir um espaço amostral e uma distribuição de probabilidade**, que é uma função que atribui um número não negativo a cada evento elementar, sendo esse número a probabilidade de que o evento aconteça. Ao longo de nossa abordagem examinamos exemplos das principais funções de probabilidade (FPs): Bernoulli, binomial, Poisson, hipergeométrica, Pascal, polinomial e geométrica.

Atividades de autoavaliação

1) São variáveis aleatórias (VAs) discretas:
  I. o número de meninos em famílias com 3 filhos.
  II. a temperatura do café servido em uma cafeteria.
  III. o número de passageiros que não fizeram o *check-in* de 100 reservas em uma empresa de aviação.
  IV. o número de veículos de uma família selecionada aleatoriamente.
  V. o consumo de energia elétrica, no mês de janeiro, de uma família selecionada aleatoriamente em determinada região.

  Agora, assinale a alternativa correta:
  a. Apenas as alternativas I, II e V estão corretas.
  b. Apenas as alternativas I e III estão corretas.
  c. Apenas as alternativas II e V estão corretas.
  d. Apenas as alternativas I, II e III estão corretas.
  e. Apenas as alternativas I, III e IV estão corretas.

2) A proporção de conformidade de determinado produto é de 75%. Considere que será inspecionado um lote de 15 produtos. Determine:
  a. o número esperado de produtos em conformidade.
  b. a variância.
  c. o desvio padrão.
  d. a probabilidade de que, pelo menos, 14 produtos passem pela inspeção.
  e. a probabilidade de que nenhum produto passe pela inspeção.

3) Em um depósito para separação de material reciclável, em média, são descarregados 2 caminhões de lixo por hora. Em uma hora escolhida ao acaso, qual é a probabilidade de que 2 ou mais caminhões cheguem nesse intervalo de tempo?

4) Cada bobina de polietileno de 400 m contém, em média, 4 imperfeições que afetam a qualidade do produto. Escolhido um segmento específico de 80 m, qual é a probabilidade de que ele não contenha qualquer imperfeição?

5) A companhia de seguros Vita S.A. avalia a inclusão da cobertura de uma doença rara em um de seus produtos. Alguns testes concluíram que a probabilidade de uma pessoa selecionada aleatoriamente manifestar a doença é de 0,002. Considere que 5 000 clientes adquiriram o produto. Determine:
   a. o número esperado de segurados que terão a doença.
   b. a probabilidade de que nenhum dos 5 000 segurados contraia a doença.

6) Suponha que 95% das pessoas acometidas por certa doença se curem após tratamento médico. Se 4 pessoas com essa doença fazem o tratamento, qual é a probabilidade de nenhuma delas sarar?

7) Um hospital realiza um procedimento médico para a cura de determinada enfermidade em 5 pacientes. Sabe-se que 80% dos pacientes submetidos a esse procedimento são curados. Determine a probabilidade de que:
   a. todos sejam curados.
   b. pelo menos dois sejam curados.
   c. no máximo três não sejam curados.

8) Cinco pacientes com câncer são submetidos a tratamento. Sabe-se que a probabilidade de recuperação é de apenas 40%. Determine a probabilidade de que:
   a. três ou mais pacientes se recuperem.
   b. nenhum paciente se recupere.

9) Se a probabilidade de ocorrência de uma peça defeituosa é de 20%, quais são a média e o desvio padrão da distribuição de peças defeituosas em um total de 600?

10) Em um banco comercial, em média, 5 clientes por minuto realizam transações em um setor de investimentos. Supondo que as transações sejam distribuídas de forma independente e igual em todo o período de interesse, qual é a probabilidade de que mais de 2 clientes queiram fazer operações nesse setor em um minuto específico?

11) Uma empresa de eventos realiza *shows* em um espaço aberto; porém, deseja providenciar uma cobertura para o local. Com base no tamanho da audiência e nas condições climáticas, a empresa definiu a seguinte distribuição de probabilidade para a receita por noite sem a cobertura:

Clima	x	P(x)
Claro	R$ 5.000,00	0,68
Nublado	R$ 2.800,00	0,12
Garoa	R$ 2.225,00	0,1
Chuva*	R$ 0	0,1

* Com chuva ocorre o cancelamento do *show*.

O custo para colocar a cobertura é de R$ 390.000,00. A empresa cobrirá o local se, em 90 noites, a receita obtida com o espaço coberto for maior que a obtida sem a cobertura.

a. Calcule a receita média por noite e a receita total projetada para 90 noites sem a cobertura.

b. Calcule a receita total com a cobertura para o mesmo período (considere que a receita será a mesma para noites claras).

c. Com base nos resultados anteriores, a empresa fará a instalação da cobertura?

12) Em uma comunidade com 20% de pessoas analfabetas, 10 pessoas são escolhidas ao acaso. Determine:

a. o número esperado de analfabetos.

b. a probabilidade de haver exatamente 3 analfabetos.

c. a probabilidade de haver, no máximo, 3 analfabetos.

13) A empresa Expert Ltda. conta com 20 colaboradores, dos quais 5 são fumantes. Se 2 forem escolhidos ao acaso, determine a probabilidade de:

a. ambos serem fumantes.

b. nenhum ser fumante.

c. pelo menos um ser fumante.

14) Um turista de língua inglesa visita um país no qual apenas 20% da população fala inglês. Determine a probabilidade de que seja necessário abordar:

a. 5 pessoas para encontrar a primeira que fale inglês (geométrica).

b. 10 pessoas para encontrar a quarta pessoa que fale inglês (Pascal).

15) A probabilidade de que um ovo em uma caixa seja rachado ou quebrado é de 0,025.

a. Determine a probabilidade de que seja necessário verificar 12 ovos para encontrar o primeiro que esteja rachado ou quebrado. (geométrica)

b. Determine o número médio de ovos rachados ou quebrados em uma caixa com 1 dúzia de ovos. (Pascal)

16) Três pessoas estão jogando cartas. A probabilidade de o jogador A vencer qualquer partida é de 20%; a de o jogador B vencer, de 30%; e a de o jogador C vencer, de 50%. Se eles disputam 6 jogos, qual é a probabilidade de o jogador A ganhar 1 partida, de o jogador B ganhar 2 partidas e de o jogador C ganhar 3? (multinomial)

17) Considere o seguinte experimento aleatório: a retirada de 10 cartas de um baralho de 52 cartas. As cartas são retiradas uma de cada vez e é feita a reposição da carta. Determine a probabilidade de se obterem 2 cartas de espadas, 3 de copas, 3 de ouros e 2 de paus. (multinomial)

18) Um baralho contém 20 cartas: 6 são vermelhas e 14 são brancas. São retiradas aleatoriamente 5 cartas, sem reposição. Qual é a probabilidade de que exatamente 4 delas sejam vermelhas? (hipergeométrica)

19) Uma faculdade tem o curso de Matemática com 196 alunos, dos quais 101 são mulheres e 95 são homens. Uma amostra aleatória de 10 alunos desse curso é retirada. Qual é a probabilidade de que exatamente 7 alunos sejam mulheres? (hipergeométrica)

20) Em uma remessa de 20 peças, 4 estão fora das especificações exigidas pelo cliente. Escolhe-se uma amostra aleatória de 6 peças. Qual é a probabilidade de haver 3 peças fora das especificações? (hipergeométrica)

21) Vinte folhas de liga de alumínio foram examinadas para se verificar a existência de falhas superficiais. A frequência do número de falhas é dada por:

Número de falhas	Frequência
0	4
1	3
2	5
3	2
4	4
5	1
6	1
Total	20

Qual é a probabilidade de se encontrar uma folha, escolhida aleatoriamente, que contenha 3 ou mais falhas superficiais?

22) O número de chamadas que chegam a um *call center*, no período de 5 minutos, compõe uma variável aleatória (VA) com distribuição de Poisson de parâmetro $\lambda = 12$. Calcule a medida de probabilidade de que:

   a. em 5 minutos cheguem exatamente 8 chamadas.
   b. em 2 minutos cheguem 8 chamadas.

23) No serviço de atendimento ao consumidor (SAC) de uma grande empresa, são recebidas, em média, 300 ligações por hora.
  a. Determine a probabilidade de que nenhuma ligação seja feita ao SAC em determinado minuto.
  b. Qual é o número esperado de ligações no intervalo de 2 minutos?
  c. Determine a probabilidade de que o número de ligações seja superior ao valor esperado (calculado no item *b*).

24) A empresa Tokio Corporation produz um componente para a central eletrônica de automóveis. A probabilidade de que esse componente apresente defeito é de 1%. Uma amostra de 300 componentes é retirada aleatoriamente para inspeção. Qual é a probabilidade de exatamente 5 componentes apresentarem defeito?

25) Uma experiência de criadores de chinchilas apresenta o número X de filhotes vivos na ninhada de uma fêmea com mais de 12 meses de idade e sua probabilidade de sobrevivência, conforme demonstra a tabela a seguir.

x	3	4	5	6	7	8	9
P(x)	0,04	0,1	0,26	0,31	0,22	0,05	0,02

  a. Determine a probabilidade de que a próxima ninhada contenha de 5 a 7 filhotes vivos.
  b. Calcule a média e o desvio padrão de X. Interprete o significado no contexto do problema.

Atividades de aprendizagem

Questões para reflexão

1) Em uma comunidade, a proporção de habitantes que escrevem com a mão esquerda é de 12%. Na escola, 60 alunos se reúnem em uma sala de aula com 60 carteiras individuais, das quais 7 são para pessoas canhotas. Qual é a probabilidade de que faltem carteiras para os 7 alunos canhotos matriculados na turma?

2) O SAC de uma empresa recebe, em média, 41,5 mensagens de texto por dia.
  a. Quantas mensagens, em média, são recebidas por hora?
  b. Qual é a probabilidade de o SAC receber 2 mensagens por hora?
  c. Qual é a probabilidade de o SAC receber menos de 2 mensagens por hora?

Atividade aplicada: prática

1) Uma empresa fez um estudo sobre *e-mails* recebidos por seus colaboradores e chegou à conclusão de que cada usuário recebe, em média, 27 *e-mails* por dia. Determine:

a. a probabilidade de um usuário receber exatamente 10 *e-mails* por dia.

b. a probabilidade de um usuário receber, no máximo, 1 *e-mail* por dia.

c. o desvio padrão.

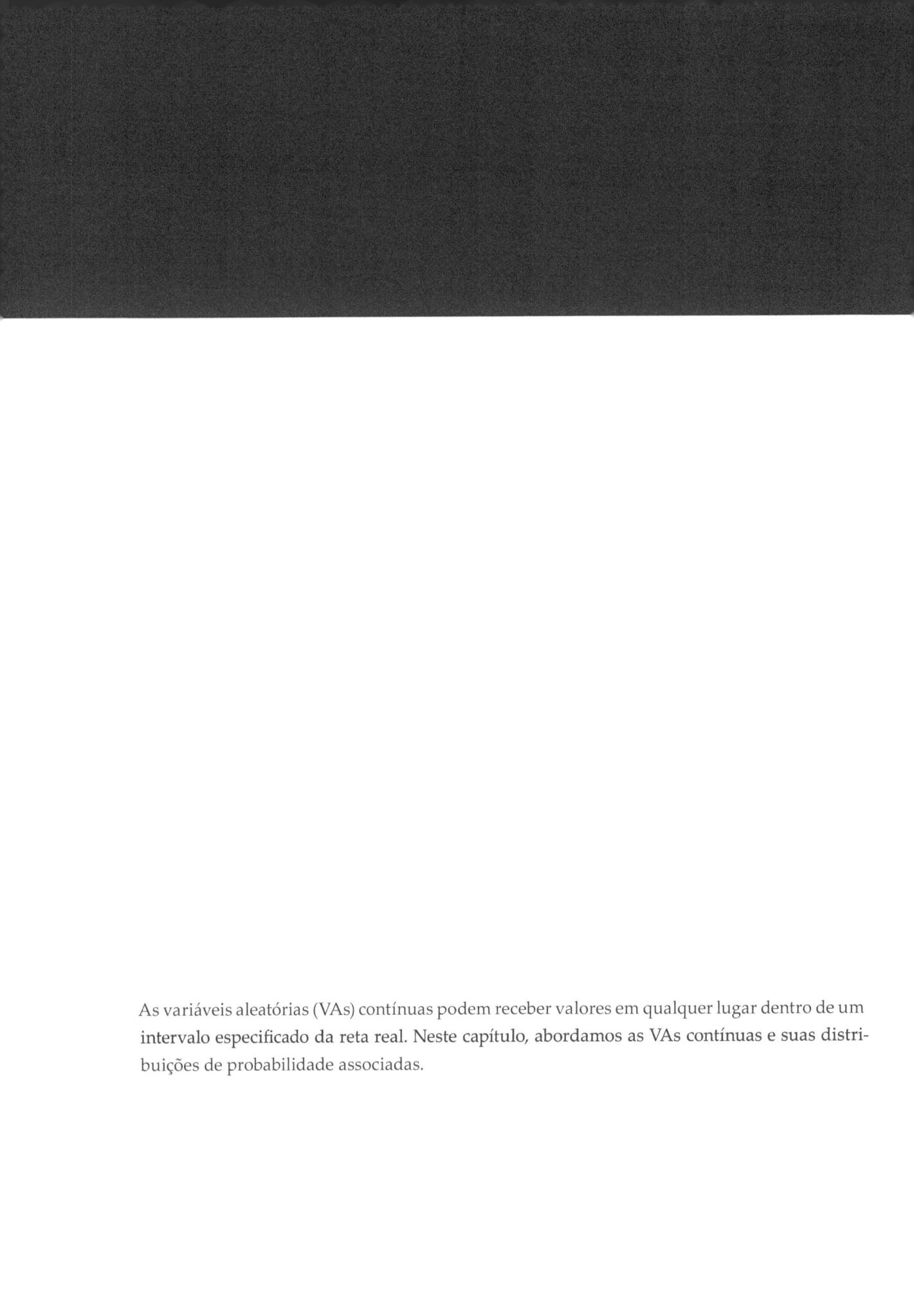

As variáveis aleatórias (VAs) contínuas podem receber valores em qualquer lugar dentro de um intervalo especificado da reta real. Neste capítulo, abordamos as VAs contínuas e suas distribuições de probabilidade associadas.

3
Variáveis aleatórias contínuas e distribuições de probabilidades

3.1 Variável aleatória contínua e função densidade de probabilidade

A variável aleatória (VA) X é denominada *contínua* quando o contradomínio de X(ω) é um conjunto infinito não numerável, ou seja, quando a VA assume valores em intervalos de números reais.

Já a função densidade de probabilidade (FDP) de uma VA contínua $f_X(x)$ é determinada da seguinte forma:

I. $f_X(x) \geq 0$, para todo $x \in [x_1, x_2]$

II. $P(x_1 \leq X \leq x_2) = \int_{x_1}^{x_2} f_X(x)dx$

III. $\int_{-\infty}^{+\infty} f_X(x)dx = 1$

A função $F_X(x)$ é chamada *função de distribuição acumulada* ou *função de distribuição* (FD) da VA X, de forma que:

$$F_X(x) = P(X \leq x) = \int_{-\infty}^{x} f_U(u)du$$

Se $F_X(x)$ é a distribuição acumulada da FDP $f_X(x)$, então $\frac{dF(x)}{dx} = f_X(x)$.

3.2 Esperança e variância

O valor esperado (também chamado de *média* ou *esperança*) de uma VA X contínua é definido por $E(X) = \int_{-\infty}^{+\infty} x f_X(x)dx$.

A variância de uma VA contínua X é definida por:

$Var(X) = \sigma^2 = \int_{-\infty}^{+\infty} [X - E(X)]^2 f(x)dx = E(X^2) - [E(X)]^2$,

em que $E(X^2) = \int_{-\infty}^{+\infty} x^2 f_X(x)dx$

As propriedades vistas para VAs discretas são válidas para as variáveis contínuas.

Exemplo 3.1

Consideremos uma VA contínua referente ao tempo de vida útil (em horas) de uma lâmpada, com FDP dada por:

$$f_X(x) = \begin{cases} 0{,}001e^{-0{,}001x}, & \text{se } x \geq 0 \\ 0, & \text{se } x < 0 \end{cases}$$

Verifique se $f_X(x)$ é uma FDP e, em caso afirmativo, determine:

a) a probabilidade de a lâmpada durar mais de 1 500 horas.

Vejamos se $f_X(x)$ é realmente uma FDP:

$$\int_0^{+\infty} 0{,}001e^{-0{,}001x} dx = 0 + 0{,}001 \cdot \frac{e^{-0{,}001x}}{-0{,}001}\bigg|_0^{+\infty} = -e^{-0{,}001x}\bigg|_0^{+\infty} = 0 + 0 + 1 = 1$$

Logo, $f_X(x)$ é uma FDP:

$$P(X \geq 1500) = \int_{1500}^{+\infty} 0{,}001e^{-0{,}001x} dx = -e^{-0{,}001x}\bigg|_{1500}^{+\infty} = e^{-1{,}5} \cong 0{,}2231$$

b) a probabilidade de a lâmpada durar entre 1 000 e 2 000 horas.

$$P(1\,000 \leq X \leq 2\,000) = \int_{1\,000}^{2\,000} 0{,}001e^{-0{,}001x} dx = -e^{-0{,}001x}\bigg|_{1\,000}^{2\,000} = -e^{-2} + e^{-1} \cong 0{,}2325$$

c) a FD.

$$F_X(x) = P(X \leq x) = \int_0^x 0{,}001e^{-0{,}001u} du = -e^{-0{,}001u}\bigg|_0^x = 1 - e^x, \text{ se } x \geq 0$$

Exemplo 3.2

Suponha que X é uma VA contínua com FDP dada por:

$$f_X(x) = \begin{cases} 4x^3, & \text{se } 0 < x \leq 1 \\ 0, & \text{caso contrário} \end{cases}$$

Verifique se $f_X(x)$ é uma FDP e, em caso afirmativo, determine:

a) $P\left(X \geq \dfrac{1}{2}\right)$

Vejamos se $f_X(x)$ é realmente uma FDP:

$$\int_{-\infty}^{+\infty} f_X(x)dx = \int_0^1 4x^3 dx = \frac{4x^4}{4}\Big|_0^1 = 1 - 0 = 1$$

Logo, $f_X(x)$ é uma FDP:

$$P\left(X \geq \frac{1}{2}\right) = \int_{\frac{1}{2}}^1 4x^3 dx = \frac{4x^4}{4}\Big|_{\frac{1}{2}}^1 = 1^4 - \left(\frac{1}{2}\right)^4 = 1 - \frac{1}{16} = \frac{15}{16}$$

b) $P\left(0 < X \leq \frac{1}{2}\right)$

$$P\left(0 < X \leq \frac{1}{2}\right) = \int_0^{\frac{1}{2}} 4x^3 dx = \frac{4x^4}{4}\Big|_0^{\frac{1}{2}} = \left(\frac{1}{2}\right)^4 - 0^4 = \frac{1}{16}$$

ou $P\left(0 < X \leq \frac{1}{2}\right) = 1 - P\left(X \geq \frac{1}{2}\right) = 1 - \frac{15}{16} = \frac{1}{16}$

c) a FD.

$$F_X(x) = P(X \leq x) = \int_0^x 4u^3 du = \frac{4u^4}{4}\Big|_0^x = x^4 - 0^4 = x^4, \text{ se } 0 < x \leq 1$$

d) $E(X)$

$$E(X) = \int_{-\infty}^{+\infty} x f_X(x)dx = \int_0^1 x \cdot 4x^3 dx = \int_0^1 4x^4 dx = \frac{4x^5}{5}\Big|_0^1 = \frac{4}{5}$$

e) $Var(X)$

$Var(X) = \sigma^2 =$

$$\int_{-\infty}^{+\infty}[X - E(X)]^2 f(x)dx = \int_0^1 \left[x - \frac{4}{5}\right]^2 4x^3 dx = \int_0^1 \left[x^2 - 2x \cdot \frac{4}{5} + \left(\frac{4}{5}\right)^2\right] 4x^3 dx$$

$$= \int_0^1 \left[4x^5 - \frac{32}{5}x^4 + \frac{64}{25}x^3\right] dx = \frac{4x^6}{6} - \frac{32}{25}x^5 + \frac{16}{25}x^4 \Big|_0^1 = \frac{4}{6} - \frac{32}{25} + \frac{16}{25} = \frac{2}{75}$$

ou

$$Var(X) = E(X^2) - [E(X)]^2 = \int_{-\infty}^{+\infty} x^2 f_X(x)dx - \left(\frac{4}{5}\right)^2 = \int_0^1 4x^5 dx - \frac{16}{25} = \frac{4}{6} - \frac{16}{25} = \frac{2}{75}$$

Exemplo 3.3

Uma clínica atende crianças com idade de 0 a 2 anos. Nesse contexto, X é a VA contínua referente à idade das crianças atendidas. Dessa forma, a FDP pode ser definida da seguinte forma:

$$f_X(x) = \begin{cases} \dfrac{3}{4}(2x - x^2), & \text{se } 0 < x < 2 \\ 0, & \text{caso contrário} \end{cases}$$

a) Determine a probabilidade de a clínica receber uma criança com mais de 1 ano.

$$P(X > 1) = \int_1^2 \dfrac{3}{4}(2x - x^2)dx = \dfrac{3}{4}\left(x^2 - \dfrac{x^3}{3}\right)\Big|_1^2 = \dfrac{3}{4}\left(4 - \dfrac{8}{3} - 1 + \dfrac{1}{3}\right) = \dfrac{3}{4} \cdot \dfrac{2}{3} = \dfrac{1}{2}$$

b) Se 50 crianças são atendidas em um dia qualquer, qual é o valor esperado de crianças com menos de 8 meses?

8 meses = $\dfrac{2}{3}$ de 1 ano

$$P\left(X \leq \dfrac{2}{3}\right) = \int_0^{\frac{2}{3}} \dfrac{3}{4}(2x - x^2)dx = \dfrac{3}{4}\left(x^2 - \dfrac{x^3}{3}\right)\Big|_0^{\frac{2}{3}} = \dfrac{3}{4}\left(\dfrac{4}{9} - \dfrac{8}{81}\right) = \dfrac{7}{27}$$

Então:

$$50 \cdot P\left(X \leq \dfrac{2}{3}\right) = 50 \cdot \dfrac{7}{27} = \dfrac{350}{27} \cong 12{,}963$$

c) E(X) e Var(X)

$$E(X) = \int_{-\infty}^{+\infty} x f_X(x)dx = \int_0^2 x \cdot \dfrac{3}{4}(2x - x^2)dx = \dfrac{3}{4}\left(x^2 - \dfrac{x^3}{3}\right)\Big|_0^2 = \dfrac{3}{4}\left(4 - \dfrac{8}{3}\right) = \dfrac{3}{4} \cdot \dfrac{4}{3} = 1 \text{ ano}$$

$$Var(X) = E(X^2) - [E(X)]^2 = \int_{-\infty}^{+\infty} x^2 f_X(x)dx - 1^2$$

$$= \int_0^2 \dfrac{3}{4}(2x^3 - x^4)dx - 1 = \dfrac{3}{4}\left(\dfrac{x^4}{2} - \dfrac{x^5}{5}\right)\Big|_0^2 - 1 = \dfrac{3}{4}\left(8 - \dfrac{32}{5}\right) - 1$$

$$= \dfrac{3}{4} \cdot \dfrac{8}{5} - 1 = \dfrac{1}{5}$$

A média de idade das crianças atendidas na clínica é de 1 ano, com desvio padrão de aproximadamente $\sigma = \sqrt{\text{var}(X)} = \sqrt{\frac{1}{5}} = 0{,}447$.

Exemplo 3.4

Suponha que o tempo de duração de uma bateria de automóvel seja dado pela função $P(X > x) = 2^{-x}$
Encontre a FDP de X.

Se $F_X(x) = 1 - P(X > x) = 1 - 2^{-x}$, então $f_X(x) = \frac{dF_X(x)}{dx} = x \cdot 2^{-x} \cdot \ln 2 = \frac{x \ln 2}{2^x}$. Logo, $f_X(x) = \frac{x \ln 2}{2^x}$.

3.3 Principais distribuições teóricas de probabilidades de variáveis aleatórias contínuas

Algumas das distribuições contínuas têm aplicações importantes em engenharia e ciências, o que será abordado neste capítulo e nos posteriores. Entre as distribuições de probabilidades contínuas mais importantes estão a uniforme, a exponencial, a normal, a gama, a qui-quadrado, a *t* de Student e a de Weibull.

3.3.1 Distribuição contínua uniforme

A distribuição contínua uniforme é uma importante distribuição estatística utilizada para avaliar avarias causadas por desastres naturais.

Consideremos X uma VA contínua que toma todos os valores no intervalo [a, b], sendo *a* e *b* finitos. Nesse caso, podemos afirmar que X será uniformemente distribuída no intervalo [a, b], X ~ U (a, b), se sua FDP for:

$$f_X(x) = \begin{cases} \dfrac{1}{b-a}, & a \leq x \leq b \\ 0, & \text{caso contrário} \end{cases}$$

Então, $P(c \leq X \leq d) = \int_c^d f_X(x)dx = \frac{d-c}{b-a}$.

O valor esperado e a variância são dados por:

$$E(X) = \frac{a+b}{2} \qquad \text{Var}(X) = \frac{(b-a)^2}{12}$$

Exemplo 3.5

A VA contínua X tem FDP definida pelo Gráfico 3.1.

Gráfico 3.1 – FDP da VA contínua X

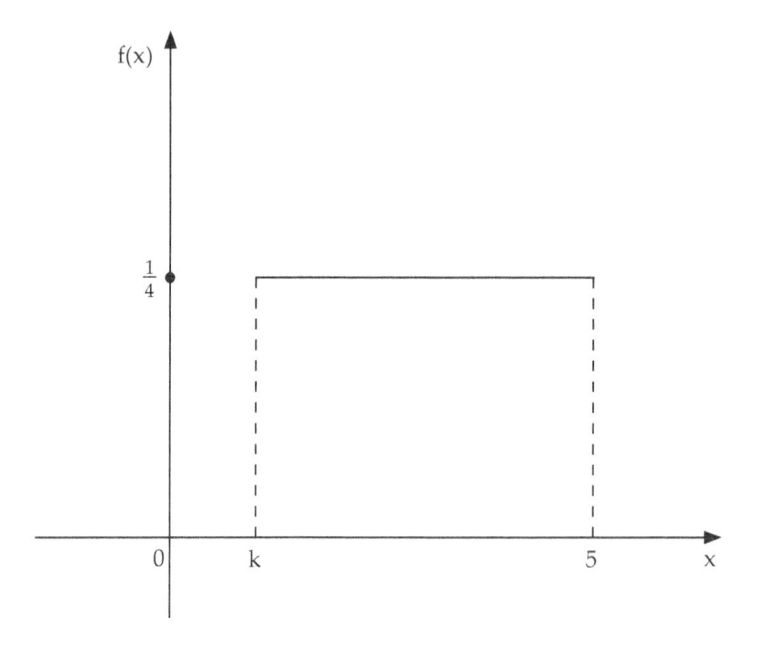

Determine:

a) o valor de k.

$$\int_{-\infty}^{+\infty} f_X(x)dx = \int_k^5 \frac{1}{4} dx = \frac{1}{4}x \Big|_k^5 = 1 \Rightarrow \frac{5}{4} - \frac{k}{4} = 1 \Rightarrow k = 1$$

b) $P(2 \leq X \leq 3)$

$$P(2 \leq X \leq 3) = \int_2^3 \frac{1}{4} dx = \frac{1}{4}x \Big|_2^3 = \frac{3}{4} - \frac{2}{4} = \frac{1}{4}$$

c) $P(X \leq 1,4)$

$$P(X \leq 1,4) = \int_1^{1,4} \frac{1}{4} dx = \frac{1}{4}x \Big|_1^{1,4} = \frac{1,4}{4} - \frac{1}{4} = \frac{0,4}{4} = \frac{1}{10}$$

d) $E(X)$ e $Var(X)$

$$E(X) = \int_{-\infty}^{+\infty} x f_X(x) dx = \int_1^5 x \cdot \frac{1}{4} dx = \frac{1}{4} \cdot \frac{x^2}{2} \Big|_1^5 = \frac{25}{8} - \frac{1}{8} = \frac{24}{8} = 3$$

$$\text{Var}(X) = E(X^2) - \left[E(X)\right]^2 = \int_1^5 x^2 \cdot \frac{1}{4}dx - 3^2 = \frac{1}{4} \cdot \frac{x^3}{3}\bigg|_1^5 - 9 = \frac{125}{12} - \frac{1}{12} - 9 = \frac{4}{3}$$

Exemplo 3.6

A corrente elétrica (em mA) medida em um pedaço de fio de cobre tem distribuição uniforme ao longo do intervalo [0, 25]. Determine:

a) a FDP.

$$f_X(x) = \begin{cases} \dfrac{1}{b-a}, & a \le x \le b \\ 0, & \text{caso contrário} \end{cases} \Rightarrow f_X(x) = \begin{cases} \dfrac{1}{25-0} = \dfrac{1}{25}, & 0 \le x \le 25 \\ 0, & \text{caso contrário} \end{cases}$$

b) a FD.

$$P(X \le x) = \int_0^x \frac{1}{25}\,dx = \frac{1}{25}x,\ 0 \le x \le 25$$

c) $P(5 \le X \le 10)$

$$P(5 \le X \le 10) = \int_5^{10} \frac{1}{25}\,dx = \frac{1}{25}x\bigg|_5^{10} = \frac{10}{25} - \frac{5}{25} = \frac{5}{25} = \frac{1}{5}$$

d) $E(X)$ e $\text{Var}(X)$

$$E(X) = \int_{-\infty}^{+\infty} x f_X(x)\,dx = \int_0^{25} x \cdot \frac{1}{25}\,dx = \frac{1}{25} \cdot \frac{x^2}{2}\bigg|_0^{25} = \frac{625}{50} - 0 = \frac{25}{2}$$

$$\text{Var}(X) = E(X^2) - \left[E(X)\right]^2$$
$$= \int_0^{25} x^2 \cdot \frac{1}{25}\,dx - \left(\frac{25}{2}\right)^2 = \frac{1}{25} \cdot \frac{x^3}{3}\bigg|_0^{25} - \frac{625}{4} = \frac{15\,625}{75} - \frac{625}{4} = \frac{625}{12}$$

3.3.2 Distribuição exponencial

A distribuição exponencial inclui a modelagem de uma função de probabilidade (FP) contínua para o tempo entre eventos sucessivos durante um processo de Poisson. Ela pode ser útil para estabelecer o tempo até que ocorra uma falha no controle de qualidade, determinar o tempo em filas ou, ainda, estabelecer o tempo de duração de um equipamento.

A FDP para uma VA contínua X, com parâmetro $\lambda > 0$ (taxa média), tem a seguinte forma:

$$f_X(x) = \begin{cases} \lambda e^{-\lambda x}, & x \geq 0 \\ 0, & x < 0 \end{cases}$$

Nessa equação, λ representa quantos eventos, em média, ocorrem em uma unidade de tempo. Assim, a função distribuição exponencial de probabilidades é expressa por:

$F_X(x) = P(X \leq x) = 1 - e^{-\lambda x}$, $\forall\, x \geq 0$

O valor esperado e a variância são calculados por:

$$E(X) = \frac{1}{\lambda}$$

$$Var(X) = \frac{1}{\lambda^2}$$

A distribuição exponencial pode ser aplicada para modelar a duração de um componente, isto é, o tempo de vida útil ou a distância entre a ocorrência de dois eventos. Se Poisson fornece uma descrição apropriada do número de ocorrências por intervalo, a exponencial oferece uma descrição do tempo entre essas ocorrências.

Consideremos X a VA que descreve o número de ocorrências de um evento em determinado intervalo de tempo ou espaço, com parâmetro λt; e T a VA que descreve o tempo entre a ocorrência dos eventos, com parâmetro λ. Nessa perspectiva, a FP e a FDP são dadas por $P(X = k) = \frac{(\lambda t)^k e^{-\lambda t}}{k!} \Leftrightarrow P(T \leq t) = 1 - e^{-\lambda t}$, $t > 0$, com média e variância assim definidas, respectivamente:

$$E(T) = \frac{1}{\lambda}$$

$$Var(T) = \frac{1}{\lambda^2}$$

Exemplo 3.7

A duração de vida de um componente (em milhares de horas) apresenta distribuição exponencial com parâmetro $\lambda = \frac{1}{5}$ (tem média de 5 por mil horas). Determine:

a) $P(T > 2)$

$$P(T > 2) = \int_2^{+\infty} \lambda e^{-\lambda x}\, dx = \int_2^{+\infty} \frac{1}{5} e^{-\frac{1}{5}x}\, dx = -e^{-\frac{1}{5}x}\Big|_2^{+\infty} = -e^{-\infty} + e^{-\frac{2}{5}} \cong 0{,}67032$$

b) $E(T)$ e $Var(T)$

$$E(T) = \frac{1}{\frac{1}{5}} = 5 \text{ e } Var(T) = \frac{1}{\left(\frac{1}{5}\right)^2} = 25$$

Exemplo 3.8

Suponhamos que o tempo de vida de uma lâmpada seja exponencialmente distribuído, apresentando uma vida média de 8 anos.

Se a média é de 8 anos, então $E(T) = \frac{1}{\lambda} = 8 \Rightarrow \lambda = \frac{1}{8}$.

a) Determine a probabilidade de uma lâmpada durar menos de 1 ano.

$$P(X \leq 1) = \int_0^1 \frac{1}{8} e^{-\frac{1}{8}x}\, dx = 0{,}1175$$

ou

$$P(X \leq 1) = 1 - e^{-\frac{1}{8}x} = 1 - e^{\left(-\frac{1}{8}\right)} = 0{,}1175$$

b) Encontre a probabilidade de uma lâmpada durar entre 6 e 10 anos.

$$P(6 \leq X \leq 10) = \int_6^{10} \frac{1}{8} e^{-\frac{1}{8}x}\, dx = 0{,}1859$$

c) Qual é a duração mínima de 70% das lâmpadas?

$$P(X \geq x) = 1 - P(X \leq x) = 1 - (1 - e^{-\lambda x}) = 0{,}70 \Rightarrow$$
$$e^{-\lambda x} = 0{,}70$$

Aplicando o logaritmo natural, temos:

$$\ln(e^{-\lambda x}) = \ln(0{,}70)$$

Simplificando, temos:

$$-\lambda x = \ln 0{,}70$$

$$-\frac{1}{8}x = -0{,}356675$$

$$x \cong 2{,}58 \text{ anos}$$

d) Uma empresa decide oferecer uma garantia para reembolsar as lâmpadas que estejam entre os 2% de todas as unidades com vida útil mais baixa. Para o mês mais próximo, qual deve ser a duração de corte para a garantia ter lugar?

$P(X \leq x) = 1 - e^{-\lambda x} \Rightarrow 1 - e^{-\lambda x} = 0,02$

$e^{-\lambda x} = 1 - 0,02$

Aplicando o logaritmo natural para eliminar o expoente da exponencial, temos:

$\ln(e^{-\lambda x}) = \ln(0,98)$

Simplificando, temos:

$-\lambda x = \ln 0,98$

$-\dfrac{1}{8}x = -0,02027$

$x \cong 0,1616$

3.3.3 Distribuição normal

Uma VA contínua X terá distribuição normal (ou gaussiana) se sua FDP tiver a seguinte forma:

$f_X(x) = \dfrac{1}{\sigma\sqrt{2\pi}} e^{-\frac{1}{2}\left(\frac{x-\mu}{\tilde{A}}\right)^2}$, x, μ e σ ∈ ℝ, em que μ e σ são, respectivamente, a média e o desvio padrão.

Gráfico 3.2 – Distribuição normal de probabilidades

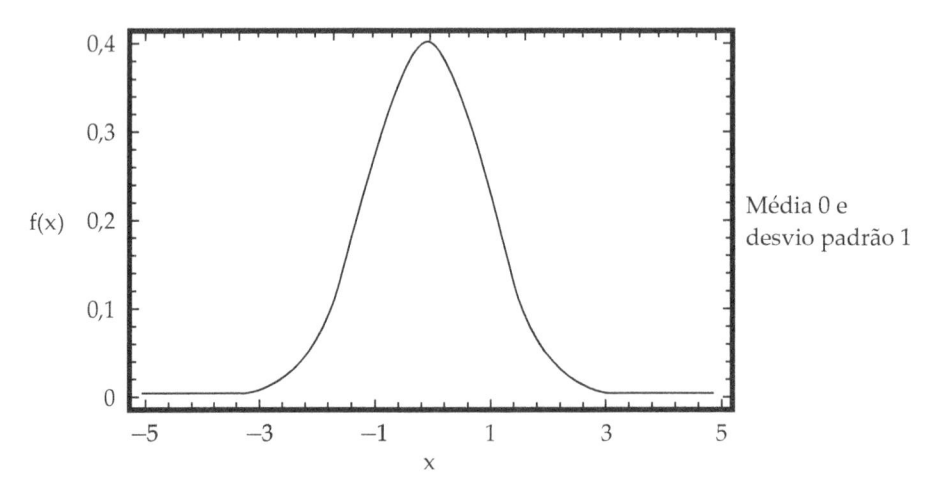

Média 0 e desvio padrão 1

Nesse caso, X é uma VA contínua com distribuição normal, com média μ e desvio padrão σ, X ~ N(μ, σ). Como o cálculo da integral da FDP $f_X(x)$ é complexo, podemos utilizar outra variável com a mesma distribuição, denominada *variável normal padronizada*, cuja notação é Z, tal que Z ~ N(0,1) Em outras palavras, Z tem distribuição normal, com média μ = 0 e desvio padrão σ = 1, e é dada por:

$$Z = \frac{X - \mu}{\sigma}$$

Para encontrarmos as probabilidades correspondentes, utilizamos a tabela da distribuição normal padronizada. A curva normal é simétrica, pois a média, a moda e a mediana são iguais.

A média e a variância da distribuição normal são dadas, respectivamente, por:

$E(X) = \mu$ e $Var(X) = \sigma^2$

Exemplo 3.9

Se $Z \sim N(0,1)$, calcule as seguintes probabilidades:

a) $P(Z < 1)$
$P(Z < 1) = 0{,}5 + 0{,}3413 = 0{,}8413$

b) $P(Z > 1)$
$P(Z > 1) = 0{,}5 - 0{,}3413 = 0{,}1587$

c) $P(1 < Z < 2)$
$P(1 < Z < 2) = 0{,}4773 - 0{,}3413 = 0{,}1360$

d) $P(Z > -2)$
$P(Z > -2) = 0{,}5 + 0{,}4773 = 0{,}9773$

e) $P(-1 < Z < 2)$
$P(-1 < Z < 2) = 0{,}3413 + 0{,}4773 = 0{,}8186$

f) $P(Z < -2)$
$P(Z < -2) = 0{,}5 - 0{,}4773 = 0{,}0227$

Exemplo 3.10

Em um carregamento de 150 sacas de café, o peso de cada saca tem distribuição normalmente com média de 62 kg e desvio padrão de 2 kg. Determine:

a) a probabilidade de a carga pesar entre 9 250 kg e 9 320 kg.

$$E(X) = \sum_{i=1}^{150} X_i = 9\,300 \text{ e } Var(X) = \sum_{i=1}^{150} Var(X_i) = 150 \cdot 2^2 = 600$$

$X \sim N(9\,300,\,600) \Rightarrow \mu = 9\,300$ e $\sigma = \sqrt{600} = 24{,}5$

$$Z_1 = \frac{X - \mu}{\sigma} = \frac{9\,250 - 9\,300}{24{,}5} = -2{,}04$$

$$Z_2 = \frac{X - \mu}{\sigma} = \frac{9\,320 - 9\,300}{24{,}5} = 0{,}82$$

$P(9\,250 < X < 9\,320) = 0{,}4793 + 0{,}2939 = 0{,}7732$

b) a probabilidade de que a carga seja superior a 9 340 kg.

$$Z = \frac{X - \mu}{\sigma} = \frac{9\,340 - 9\,300}{24,5} = 1,63$$

$P(X > 9\,340) = 0,5 - 0,4484 = 0,0516$

Exemplo 3.11

Em um processo de empacotamento de açúcar, a máquina foi regulada para colocar 1 000 g em cada pacote. Sabe-se que nem todos os pacotes terão precisamente essa quantidade em razão da influência de variáveis no processo de empacotamento. Com base em experiências anteriores com esse processo, descobriu-se que o desvio padrão é de 10 g e que a distribuição dos pesos segue uma distribuição normal de probabilidades. Um pacote é escolhido aleatoriamente. Determine a probabilidade de que:

a) o pacote contenha entre 1 000 g e 1 020 g.

$\mu = 1\,000$ g e $\sigma = 10$ g (essas medidas referem-se à população)

$$Z = \frac{1\,020 - 1\,000}{10} = 2$$

$P(1\,000 < X < 1\,020) = 0,4772$

b) o peso seja superior a 1 025 g.

$$Z = \frac{1\,025 - 1\,000}{10} = 2,5$$

$P(X < 1\,025) = 0,5 - 0,4938 = 0,0062$

c) o pacote contenha entre 990 g e 1 020 g.

$$Z_1 = \frac{990 - 1\,000}{10} = -1$$

$$Z_2 = \frac{1\,020 - 1\,000}{10} = 2$$

$P(990 < X < 1\,020) = 0,3413 + 0,4772 = 0,8185$

d) o peso seja inferior a 1 010 g.

$$Z = \frac{1\,010 - 1\,000}{10} = 1$$

$P(X < 1\,010) = 0,5 + 0,3413 = 0,8413$

e) o peso do pacote seja entre 1 010 g e 1 020 g.

$$Z = \frac{1\,010 - 1\,000}{10} = 1$$

$$Z_2 = \frac{1\,020 - 1\,000}{10} = 2$$

P(1 010 < X < 1 020) = 0,4772 − 0,3413 = 0,1359

Exemplo 3.12

A vida útil de um modelo de pneu (com distribuição normal) produzido pela empresa Pneumatic S.A. é, em média, de 50 000 km, com desvio de 5 000 km.

a) Qual é a probabilidade de que um pneu escolhido aleatoriamente tenha vida útil acima de 55 000 km?

$\mu = 50\,000$ km e $\sigma = 5\,000$ km

$$Z = \frac{55\,000 - 50\,000}{5\,000} = 1$$

P(X > 55 000) = 0,5 − 0,3413 = 0,1587

b) Qual é a probabilidade de que um pneu escolhido aleatoriamente tenha vida útil entre 45 000 km e 55 000 km?

$$Z_1 = \frac{45\,000 - 50\,000}{5\,000} = -1$$

$$Z_2 = \frac{55\,000 - 50\,000}{5\,000} = 1$$

P(45 000 < X > 55 000) = 0,3413 + 0,3413 = 0,6826682668266826

c) Se uma loja coloca à venda 900 unidades, quantos pneus terão vida útil acima de 53 000 km? Quantos terão vida útil abaixo de 40 000 km?

$$Z = \frac{53\,000 - 50\,000}{5\,000} = 0,6$$

P(X > 53 000) = 0,5 − 0,2257 = 0,2743

Total de pneus com vida útil acima de 53 000 km:

0,2743 · 900 = 246,87 ≅ 247 pneus

$$Z = \frac{40\,000 - 50\,000}{5\,000} = -2$$

P(X > 53 000) = 0,5 − 0,4772 = 0,0228

Total de pneus com vida útil abaixo de 53 000 km:

0,0228 · 900 = 20,52 pneus

Exemplo 3.13

Na montagem de um equipamento, são utilizadas arruelas para as quais as especificações exigidas são de 18 mm a 20 mm de diâmetro. O fornecedor dessas peças informa que a variância do produto é de 0,16 mm², com média de 19,1 mm, e que as medidas têm distribuição normal. Qual porcentagem de peças não atende às especificações? Se a montagem do equipamento exigir novas especificações para o diâmetro das arruelas, sendo permitido que 1% do limite inferior e 1,5% do limite superior das arruelas não tenham as medidas exigidas, qual deverá ser a nova especificação?

a) $\mu = 19{,}1$ mm e $\sigma = \sqrt{0{,}16} = 0{,}4$ mm

$$Z_1 = \frac{18 - 19{,}1}{0{,}4} = -2{,}75$$

$$Z_2 = \frac{20 - 19{,}1}{0{,}4} = 2{,}25$$

P(X < 18 ou X > 20) = (0,5 − 0,4970) + (0,5 − 0,4878) = 0,0152

b) Para 1% $\Rightarrow Z_1 = 2{,}3$

Para 1,5% $\Rightarrow Z_2 = 2{,}17$

$$Z_1 = \frac{X - \mu}{\sigma} \Rightarrow -2{,}3 = \frac{X - 19{,}1}{0{,}4} \Rightarrow X = 18{,}18 \text{ mm}$$

$$Z_2 = \frac{X - \mu}{\sigma} \Rightarrow 2{,}17 = \frac{X - 19{,}1}{0{,}4} \Rightarrow X = 19{,}968 \text{ mm}$$

Os novos limites de especificações são 18,18 mm e 19,968 mm.

A distribuição normal pode ser utilizada como aproximação das distribuições binomial e de Poisson. Para a binomial, essa aproximação é aceitável quando $n \geq 30$, $np \geq 5$ e $n(1-p) \geq 5$. A média e o desvio padrão são dados por $\mu = np$ e $\sigma = \sqrt{np(1-p)}$. Na de Poisson, é aceitável quando $\lambda \geq 10$. Nesse caso, a média e o desvio padrão são dados por $\mu = \lambda$ e $\sigma = \sqrt{\lambda}$. Quando utilizada a aproximação, deve-se utilizar a correção de continuidade:

1. Para $P(X \geq x_i)$ ou $P(X < x_i)$, deve-se subtrair 0,5 de x_i.
2. Para $P(X \leq x_i)$ ou $P(X > x_i)$, deve-se somar 0,5 de x_i.

3.3.4 Função gama

A VA X apresentará distribuição gama se sua FDP for da seguinte forma:

$$f_X(x) = \begin{cases} \dfrac{\beta^\alpha}{\Gamma(\alpha)} x^{\alpha-1} e^{-\beta x}, & x > 0 \\ 0, & x \leq 0, \end{cases}$$

Nessa fórmula, α e β são parâmetros da distribuição. Se α é um número natural, $\Gamma(\alpha) = (\alpha - 1)!$ ou $\Gamma(\alpha) = \int_0^\infty x^{\alpha-1} e^{-x} dx$, $\alpha > 0$.

A média e a variância são dadas, respectivamente, por:

$E(X) = n$
$Var(X) = 2n$

Assim, $X \sim \Gamma(\alpha, \beta)$. Se $\alpha = 1$, $\beta = \lambda$, $\Gamma(1, \beta)$ = exponencial (λ). Se os eventos ocorrem segundo um processo de Poisson, isto é, dentro de um intervalo contínuo e com média λ, o tempo até a ocorrência do α-ésimo evento consecutivo segue uma distribuição $\Gamma(\alpha, \lambda)$.

3.3.5 Distribuição qui-quadrado (χ^2)

A VA contínua X terá distribuição qui-quadrado com n graus de liberdade, representada por χ^2, se sua FDP for dada por:

$$f_X(x) = \dfrac{1}{2^{\frac{n}{2}} \Gamma\left(\dfrac{n}{2}\right)} x^{\frac{n}{2}-1} e^{-\frac{x}{2}}, \ x > 0, n > 0$$

A média e a variância são dadas, respectivamente, por:

$$E(X) = \dfrac{\alpha}{\beta}$$

$$Var(X) = \dfrac{\alpha}{\beta^2}$$

3.3.6 Distribuição *t* de Student

Com base em uma amostra de tamanho n, retirada de uma população normal com média μ e desvio padrão σ, podemos definir a seguinte VA:

$$Z = \frac{\bar{x} - \mu}{\frac{\sigma}{\sqrt{n}}}$$

Como $\bar{x}$ tem distribuição normal, Z apresenta distribuição normal padronizada. Se substituirmos o desvio padrão σ pelo desvio padrão amostral s, a variável $t = \frac{\bar{x} - \mu}{\frac{s}{\sqrt{n}}}$ terá distribuição *t* de Student, com $n - 1$ graus de liberdade. A distribuição *t* de Student de probabilidades é dada por:

$$f(x) = \frac{\Gamma\left(\frac{v*1}{2}\right)}{\sqrt{v\pi}\,\Gamma\left(\frac{v}{2}\right)} \left(1 + \frac{x^2}{v}\right)^{-\frac{v+1}{2}},$$

em que v é o número de graus de liberdade e Γ é a função gama.

3.3.7 Distribuição F

Consideremos as VAs contínuas X e Y, de modo que $X \sim \chi^2(m)$ e $Y \sim \chi^2(n)$ sejam independentes. A VA W é definida por $W = \frac{X}{Y}$ e segue o modelo F – Snedecor, com (m, n) graus de liberdade, cuja densidade é dada por:

$$f_W(w) = \frac{\Gamma\left(\frac{m+n}{2}\right)}{\Gamma\left(\frac{m}{2}\right)\Gamma\left(\frac{n}{2}\right)} \left(\frac{m}{n}\right)^{\frac{m}{2}} \frac{w^{\frac{m-2}{2}}}{\left(1 + \frac{m}{n}w\right)^{\frac{m+n}{2}}}$$

A esperança e a variância são dadas por:

$$E(W) = \frac{n}{n-1}$$

$$Var(W) = \frac{2n^2(m+n-2)}{m(n-2)^2(n-4)}$$

3.3.8 Distribuição de Weibull

A família de distribuições de Weibull foi introduzida pelo físico suíço Waloddi Weibull, em 1939. Uma das aplicações frequentes desse modelo inclui a fixação de períodos de garantia contra falhas apresentadas por equipamentos e a modelagem de emissões de poluentes por motores a combustão interna.

A VA X apresentará distribuição de Weibull com parâmetros α e β ($\alpha > 0$, $\beta > 0$), se a FDP de X for:

$$f_X(x; \alpha, \beta) = \begin{cases} \dfrac{\alpha}{\beta^\alpha} x^{\alpha-1} \cdot e^{-\left(\frac{x}{\beta}\right)^\alpha}, & x \geq 0 \\ 0, & x < 0 \end{cases}$$

Se $\alpha = 1$, a distribuição de Weibull se reduz a uma distribuição exponencial; se $\alpha = 2$, a distribuição de Weibull se reduz a uma distribuição de Rayleigh, que apresenta diversas aplicações em comunicações, na modelagem de múltiplos caminhos de sinais dispersos para atingir um receptor, nas ciências físicas e na modelagem da velocidade do vento, da altura das ondas e da radiação de som/luz.

A distribuição de Rayleigh também é aplicada na engenharia para medir o tempo de vida de um objeto (quando a vida depende da idade deste), a fim de se modelar a variação do ruído na imagem de ressonância magnética, como em resistores, transformadores e capacitores, em conjuntos de radar de aeronaves e na ciência médica.

A esperança e a variância são dadas por:

$$E(X) = \beta \Gamma\left(1 + \frac{1}{\alpha}\right)$$

$$\text{Var}(X) = \beta^2 \left\{ \Gamma\left(1 + \frac{2}{\alpha}\right) - \left[\Gamma\left(1 + \frac{1}{\alpha}\right)\right]^2 \right\}$$

A função de distribuição acumulada é definida por:

$$f_X(x; \alpha, \beta) = \begin{cases} 1 - e^{-\left(\frac{x}{\beta}\right)^\alpha}, & x \geq 0 \\ 0, & x < 0 \end{cases}$$

Exemplo 3.14

O tempo de vida de um dispositivo (em horas) é definido pela distribuição de Weibull, que apresenta o parâmetro de forma α = 1,2 e o parâmetro de escala β = 1 000. Encontre a probabilidade de o dispositivo durar, pelo menos, 1 500 horas.

$$P(X \leq 1\,500) = \int_0^{1\,500} \frac{\alpha}{\beta^\alpha} x^{\alpha-1} e^{-\left(\frac{x}{\beta}\right)^\alpha} dx$$

$$= \int_0^{1\,500} \frac{1{,}2}{1\,000^{1,2}} x^{(1,2-1)} e^{-\left(\frac{x}{1\,000}\right)^{1,2}} dx$$

$$= 0{,}803424$$

Ou, pela FD:

$$P(X \leq 1\,500) = 1 - e^{-\left(\frac{x}{\beta}\right)^\alpha}$$

$$= 1 - e^{-\left(\frac{1\,500}{1\,000}\right)^{1,2}} = 0{,}803424$$

Síntese

Neste capítulo, esclarecemos o que é variável aleatória (VA) contínua e quais são as principais distribuições de densidade de probabilidades. O cálculo da probabilidade para P(a ≤ X ≤ b) corresponde à área da região delimitada pelas funções x = a, x = b, $f_X(x)$ e $f_X(x) = 0$. Essa área é determinada pela integral $\int_a^b f_X(x)dx$. Para incrementarmos nossa análise, exemplificamos as principais funções de probabilidades (FPs) contínuas.

Atividades de autoavaliação

1) A pintura anticorrosiva para superfícies foi projetada para atender a determinadas especificações de qualidade. Para isso, ela segue uma distribuição uniforme ao longo do intervalo [20 μm, 40 μm] de espessura.
   a. Encontre a média, o desvio padrão e a função de distribuição (FD).
   b. Determine a probabilidade de o revestimento ter menos de 35 μm de espessura.

2) Uma variável aleatória (VA) é definida no intervalo da reta real [1, 11]. Determine:
   a. P(X ≤ 7)
   b. P(4 ≤ X ≤ 8)
   c. E(X) e Var(X)

3) Uma VA é definida no intervalo da reta real [0, 2]. Determine:
   a. P(X ≥ 0)
   b. $P\left(1 \leq X \leq \frac{3}{2}\right)$
   c. E(X), Var(X) e σ

4) A VA contínua X apresenta função densidade de probabilidade (FDP) de f(x) = kx²(3 − x) e 0 ≤ x ≤ 3. Determine:
   a. o valor de *k*.
   b. E(X), Var(X) e σ.
   c. P(1 ≤ X ≤ 2).

5) A VA contínua tem FDP $f(x) = \begin{cases} x^3 - 3x^2 + 2x, \text{ se } 0 \leq x \leq 1 \\ k, \text{se } 1 < x \leq 3 \\ 0, \text{ caso contrário} \end{cases}$

   Determine:
   a. o valor de *k*.
   b. E(X).
   c. P(0 ≤ X ≤ 2).

6) A duração de vida de um componente eletrônico é dada pela FDP $f(x) = \frac{100}{x^2}$, para x > 100 horas. Determine:
   a. P(X < 200)
   b. P(150 < X < 200)

7) Em um curso de pós-graduação, o desempenho dos alunos é medido por meio dos seguintes conceitos: A, quando a nota é maior ou igual a 9; B, quando a nota é maior ou igual a 8 e inferior a 9; C, quando a nota é maior ou igual a 7 e inferior a 8; e D, quando a nota é inferior a 7. Uma turma obteve a média 6, com desvio padrão 2. Considerando que as notas dessa turma têm distribuição normal, determine a porcentagem, aproximadamente, de alunos com conceitos A, B, C e D.

8) A troca de óleo lubrificante em veículos em uma oficina tem duração média de 20 minutos e desvio padrão de 4 minutos. Suponha que o funcionário responsável pela troca comece o serviço 25 minutos antes do tempo combinado de entrega do veículo para o cliente. Determine a probabilidade de que o serviço seja executado com atraso (considere que o tempo tem distribuição normal).

9) A duração média de um teste psicotécnico apresenta distribuição normal, com média de 2,5 horas e desvio padrão de 0,2 hora. Determine a probabilidade de que um teste escolhido ao acaso dure:
   a. menos de 2 horas.
   b. entre 2,4 e 2,65 horas.
   c. mais de 2,5 horas.

10) O tempo médio de vida das lâmpadas fluorescentes produzidas pela empresa LuxLight S.A. foi estimado em 6 600 horas, com desvio padrão de 200 horas. Nessas condições, determine a probabilidade de que uma lâmpada dure:
    a. entre 6 400 e 6 800 horas.
    b. menos de 6 300 horas.
    c. mais de 6 500 horas.
    d. menos de 6 300 ou mais de 6 700 horas.

11) Caixas de leite devem ser empacotadas com a média de 1 000 mL, com uma variância de 900 mL². As normas de fiscalização permitem que uma amostra aleatória tenha, no máximo, 4% de unidades com volume abaixo do indicado na embalagem.
    a. Qual é o volume mínimo permitido?
    b. Para evitar problemas com a fiscalização, uma máquina foi regulada para colocar a média de 1 010 mL. Qual deve ser a variância para que a empresa atenda às normas de fiscalização?

12) Uma empresa está preocupada com a saúde de seus colaboradores e quer conhecer melhor o peso corporal de seus funcionários para determinar novas campanhas sobre a importância do controle de peso. Suponha que o peso dos funcionários apresente distribuição normal, com média de 65 kg e variância de 90 kg². Determine a porcentagem dos colaboradores que pesam:
    a. 50 kg ou mais.
    b. 58 kg ou menos.
    c. entre 52 kg e 70 kg.

13) Um laboratório utiliza como valores de referência para a quantidade normal de hemoglobina em homens adultos de 14 g/dL a 18 g/dL. Considere que a taxa de hemoglobina no sangue avaliado pelo laboratório em certo período apresentou distribuição normal, com média de 15 g/dL e variância de 4 g/dL². Determine a probabilidade de se encontrar uma pessoa saudável com taxa de hemoglobina:
    a. superior a 15 g/dL.
    b. inferior a 10 g/dL.
    c. entre 10 g/dL e 13 g/dL.

d. inferior a 10 g/dL e superior a 13 g/dL.
   e. normal.
   f. baixa (abaixo de 14 g/dL).

14) Tendo em vista a FDP dada por $f(x) = 0{,}2e^{-0{,}2x}$, determine $P(2 < X < 10)$.

15) O tempo depois de se atingir a idade de 60 anos (que permite a um indivíduo se aposentar) é distribuído exponencialmente e apresenta uma média de cerca de 5 anos. Escolhe-se aleatoriamente um indivíduo aposentado.
   a. Defina a VA.
   b. A VA é discreta ou contínua?
   c. Determine E(X).
   d. Determine Var(X).
   e. Encontre a probabilidade de a pessoa se aposentar após os 70 anos de idade.
   f. A maioria das pessoas se aposenta antes ou depois dos 65 anos?
   g. Em um grupo de 1 000 pessoas com mais de 80 anos, quantos provavelmente ainda não se aposentaram?

Atividades de aprendizagem

Questões para reflexão

1) Uma função densidade de probabilidade (FDP) muito importante é a de uma variável aleatória (VA) gaussiana, também chamada de *variável aleatória normal*. A FDP assemelha-se a uma curva em forma de sino. Desenhe a função para $\mu = 0$ e $\sigma = 1$.

2) Para $X \sim N(\mu, \sigma^2)$ qual é a probabilidade de $P(x - 3\sigma < X < x + 3\sigma)$?

Atividades aplicadas: prática

1) Dada a FDP $f(x) = \begin{cases} 1, & \text{se } x \in [0, 1] \\ 0, & \text{caso contrário} \end{cases}$, calcule $P(0 \leq X \leq 1)$.

2) Considerando a FDP dada por $f(x) = 0{,}2^{-0{,}2x}$, determine $P(2 < X < 10)$.

Neste capítulo, introduzimos os conceitos de vetores aleatórios n-dimensionais, bem como de função de distribuição conjunta e marginal, função densidade conjunta e marginal, esperança, condicionalidade e independência para vetores aleatórios.

Trabalhar com mais de uma variável, e não individualmente, responde a muitas questões que envolvem um experimento aleatório – por exemplo, o modo como a variável aleatória (VA) *peso* **é influenciada pelas VAs** *altura* e *idade*. Logo, quando um mesmo fenômeno aleatório é composto de várias VAs de interesse, é necessário fazer a formalização de conceitos para a interpretação do fenômeno aleatório.

4
Vetores aleatórios

4.1 Conceitos iniciais

Nos capítulos anteriores, evidenciamos a característica numérica de um experimento aleatório. Quando estamos interessados na descrição de mais de uma característica, como peso, altura e idade, é necessário descrever o experimento para todas as variáveis aleatórias (VAs).

Dado o espaço de probabilidades $(\Omega, \mathcal{A}, P)$, um vetor aleatório X é uma função $X(\omega) : \Omega \to \mathbb{R}^n$, tal que $\{\omega \in \Omega : X(\omega) \leq x\} \in \mathcal{A}$, para todo $x \in \mathbb{R}^n$, com $\mathcal{A}$ mensurável.

Para um experimento aleatório descrito por um conjunto de $n > 1$ variáveis $\{X_1, X_2, ..., X_n\}$, o vetor aleatório apresenta a seguinte forma:

$$X = \begin{pmatrix} X_1 \\ X_2 \\ \dots \\ X_n \end{pmatrix} = (X_1 \quad \dots \quad X_n)^t$$

O conjunto $\{X_1, X_2, ..., X_n\}$ é usado para representar a observação de *n* amostras aleatórias, de modo que:

$$x = \begin{pmatrix} x_1 \\ x_2 \\ \dots \\ x_n \end{pmatrix}$$

Nas seções a seguir, serão priorizados exercícios e definições para vetores bidimensionais – $X = [X_1, X_2]$.

4.2 Função de distribuição conjunta

Se considerarmos X um vetor aleatório no espaço de probabilidades $(\Omega, \mathcal{A}, P)$, então para qualquer $x \in \mathbb{R}^n$ sua função de distribuição F será definida por:

$F_X(x) = F(x_1, x_2, ..., x_n) = P(X_1 \leq x_1, X_2 \leq x_2, ..., X_n \leq x_n)$, para qualquer $x = (x_1, x_2, ..., x_n) \in \mathbb{R}^n$.

4.2.1 Propriedades da função de distribuição conjunta

Se considerarmos X um vetor aleatório no espaço de probabilidades $(\Omega, \mathcal{A}, P)$, então para qualquer $x \in \mathbb{R}^n$ a função de distribuição $F_X(x)$ satisfará as seguintes propriedades:

I. $F_X(x)$ é não decrescente para cada $(x_1, x_2, ..., x_n) \in \mathbb{R}^n$.
II. Se para algum j, $x_j \to -\infty$, então $F_X(x) \to 0$; se para todo $x_j \to +\infty$, então $F_X(x) = 1$.
III. $F_X(x)$ é contínua direta para cada $(x_1, x_2, ..., x_n) \in \mathbb{R}^n$.

4.3 Função de distribuição marginal

Consideremos o vetor aleatório $X = (X_1, X_2, ..., X_n)$. Para cada j = 1, 2, ..., n, definimos a função de distribuição marginal para x_j por:

$$F_X(x_j) = \lim_{x_i \to \infty} F_X(x), \text{ para todo } i \neq j$$

4.3.1 Vetor discreto e função de probabilidade conjunta

Dado o vetor aleatório $X = (X_1, X_2, ..., X_n)$, se as VAs $X_1, X_2, ..., X_n$ forem discretas, então X será um vetor aleatório discreto e sua função de probabilidade (FP) conjunta será definida da seguinte forma:

$p_X(x) = p_X(x_1, x_2, ..., x_n) = P(X_1 = x_1, X_2 = x_2, ..., X_n = x_n)$

Para vetores bidimensionais (X, Y), a VA discreta X assume os valores $\{x_1, x_2, ..., x_n\}$ e a VA discreta Y os valores $\{y_1, y_2, ..., y_m\}$. O par ordenado (X, Y) assume os valores em $\{(x_1, y_1), (x_2, y_2), ..., (x_n, y_m)\}$. A FP conjunta de X e Y é a função $p(x_i, y_j)$, dada por $P(X = x_i, Y = y_j)$. As funções $p_X(x_i)$ e $p_Y(y_j)$ são as FPs marginais. O Quadro 4.1 representa a FP conjunta.

Quadro 4.1 – Distribuição conjunta

x \ y	y_1	y_2	...	y_j	...	y_m	$p_X(x_i)$
x_1	$p(x_1, y_1)$	$p(x_1, y_2)$	...	$p(x_1, y_j)$	...	$p(x_1, y_m)$	$p_X(x_1)$
x_2	$p(x_2, y_1)$	$p(x_2, y_2)$	...	$p(x_2, y_j)$	...	$p(x_2, y_m)$	$p_X(x_2)$
...	...	...	...	...	...	...	
x_i	$p(x_i, y_1)$	$p(x_i, y_2)$	...	$p(x_i, y_j)$	...	$p(x_i, y_m)$	$p_X(x_i)$
...	...	...	...	...	...	...	
x_n	$p(x_n, y_1)$	$p(x_n, y_2)$	...	$p(x_n, y_j)$	...	$p(x_n, y_m)$	$p_X(x_n)$
$p_Y(y_j)$	$p_Y(y_1)$	$p_Y(y_2)$		$p_Y(y_j)$		$p_Y(y_m)$	1

> **Preste atenção!**
> Para o vetor (X, Y), X e Y são as variáveis aleatórias e o vetor (x_1, y_1) corresponde aos valores que (X, Y) assume.

Exemplo 4.1

Consideremos o lançamento de 2 dados e as VAs X e Y, de modo que X seja o valor do primeiro dado e Y o valor do segundo dado.

Temos que:

$$P(X_i = x_i) = \frac{1}{6} \text{ e } P(Y_j = y_j) = \frac{1}{6}$$

Logo, a probabilidade conjunta é:

$$P(x_i, y_j) = p(x_i) \cdot p(y_j) = \frac{1}{6} \cdot \frac{1}{6} = \frac{1}{36}$$

O quadro a seguir fornece a FP conjunta:

x \ y	1	2	3	4	5	6
1	1/36	1/36	1/36	1/36	1/36	1/36
2	1/36	1/36	1/36	1/36	1/36	1/36
3	1/36	1/36	1/36	1/36	1/36	1/36
4	1/36	1/36	1/36	1/36	1/36	1/36
5	1/36	1/36	1/36	1/36	1/36	1/36
6	1/36	1/36	1/36	1/36	1/36	1/36

Exemplo 4.2

Imaginemos o lançamento de 2 dados, em que a VA X corresponde ao valor do primeiro dado e a VA S à soma das 2 faces.

Para $P(X = 1, S = 2) = \frac{1}{6} \cdot \frac{1}{6} = \frac{1}{36}$

Para $P(X = 2, S = 2) = \frac{1}{6} \cdot 0 = 0, \ldots$

O quadro a seguir fornece a FP conjunta:

x \ s	2	3	4	5	6	7	8	9	10	11	12
1	1/36	1/36	1/36	1/36	1/36	1/36	0	0	0	0	0
2	0	1/36	1/36	1/36	1/36	1/36	1/36	0	0	0	0
3	0	0	1/36	1/36	1/36	1/36	1/36	1/36	0	0	0
4	0	0	0	1/36	1/36	1/36	1/36	1/36	1/36	0	0
5	0	0	0	0	1/36	1/36	1/36	1/36	1/36	1/36	0
6	0	0	0	0	0	1/36	1/36	1/36	1/36	1/36	1/36

4.3.2 Proposição

Consideremos X um vetor aleatório no espaço de probabilidades (Ω, $\mathcal{A}$, P). A FP conjunta satisfaz as propriedades:

I. $0 \leq p_X(x) \leq 1$, para todo $x \in \mathbb{R}^n$

II. $\sum_x p_X(x) = 1$

4.3.3 Função de probabilidade marginal

Se X for um vetor aleatório discreto, a FP marginal de X_j, $j = 1, 2, \ldots, n$ será dada por:

$$p_{X_j}(x_j) = P(X_j = x_j) = \sum_{x_i} p(x) = \sum_{x_i} P(X_1 = x_1, \ldots, X_n = x_n), \text{ para todo } i \neq j$$

Para vetores bidimensionais (X, Y), a probabilidade marginal de $X = x_i$, com *i* fixo, será dada por:

$$P(X = x_i) = \sum_{j=1}^{m} P(X = x_i, Y = y_j), \; i = 1, 2, \ldots, n$$

A probabilidade marginal de $Y = y_j$, com *j* fixo, será dada por:

$$P(Y = y_j) = \sum_{j=1}^{m} P(X = x_i, Y = y_j), \; j = 1, 2, \ldots, m$$

Exemplo 4.3

Consideremos a VA discreta X o tempo de espera na fila de um banco (em minutos) e a VA Y o tempo gasto no caixa desse mesmo banco (em minutos). A distribuição conjunta de probabilidade é dada por:

x \ y	10 minutos	20 minutos	30 minutos	$P(X_i = x_i)$
10 minutos	0,01	0,08	0,02	0,11
20 minutos	0,11	0,22	0,08	0,41
30 minutos	0,17	0,28	0,03	0,48
$P(Y_j = y_j)$	0,29	0,58	0,13	1,00

Podemos interpretar esse quadro da seguinte forma:

1. A probabilidade (conjunta) referente à espera de 30 minutos na fila e de 30 minutos no caixa é de P(X = 30, Y = 30) = 0,03.
2. A probabilidade (marginal) referente à espera de 30 minutos na fila é de P(X = 30) = 0,48.
3. A probabilidade (marginal) referente à espera de 20 minutos no caixa é de P(Y = 20) = 0,58.
4. A probabilidade (marginal) referente à espera de, pelo menos, 20 minutos na fila é de F(X ≥ 20) = 0,41 + 0,48 = 0,89.
5. A probabilidade referente à espera de, no máximo, 20 minutos na fila e, no máximo, 20 minutos no caixa é de F(X ≤ 20, Y ≤ 20) = P(X = 10, Y = 10) + P(X = 20, Y = 10) + P(X = 10, Y = 20) + P(X = 20, Y = 20) = 0,01 + 0,11 + 0,08 + 0,22 = 0,42.
6. A distribuição de probabilidade marginal referente à espera de 20 minutos ou menos na fila do caixa é de P(X ≤ 20) = P(X = 10) + P(X = 20) = 0,11 + 0,41 = 0,52.
7. A distribuição de probabilidade marginal referente à espera de mais de 10 minutos no caixa é de P(Y > 10) = P(Y = 20) + P(Y = 30) = 0,58 + 0,13 = 0,71.

Exemplo 4.4

Uma máquina corta chapas metálicas na forma retangular, sendo X a medida da largura da chapa, em milímetros: X ∈ {15, 18}, e Y seu comprimento, também em milímetros: Y ∈ {129, 130, 131}. A distribuição de probabilidade conjunta é dada por:

x \ y	129	130	131	$P_X(x_i)$
15	0,12	0,32	0,16	0,6
16	0,08	0,18	0,14	0,4
$P_Y(y_j)$	0,2	0,5	0,3	1

Determine:

a) a probabilidade conjunta de a largura ter a medida de 16 mm e o comprimento ser menor que 131 mm.
P(X = 16, Y < 131) = P(X = 16, Y = 130) + P(X = 16, Y = 129) = 0,18 + 0,08 = 0,26 mm

b) a probabilidade marginal de o comprimento da placa ter a medida de 130 mm.
P(Y = 130) = 0,32 + 0,18 = 0,5 mm

c) a probabilidade marginal de a largura da placa ter a medida de 15 mm.
P(X = 15) = 0,12 + 0,32 + 0,16 = 0,60 mm

4.4 Vetor contínuo

Consideremos X um vetor aleatório com espaço de probabilidades (Ω, $\mathcal{A}$, P). Nesse caso, X será um vetor aleatório contínuo se a função de distribuição conjunta $F_X(x)$ for contínua:

$$F_X(x) = \int_{-\infty}^{x_1} \cdots \int_{-\infty}^{x_n} f(y)\, dy_1 dy_2 \ldots dy_n$$

Se X tiver como componentes apenas VAs contínuas, então será um vetor aleatório contínuo.

4.5 Função densidade conjunta

A função densidade conjunta $f_X(x)$ pode ser obtida de $F_X(x)$ por sucessivas derivadas parciais.

Para os vetores bidimensionais $X = (x_1, x_2)$ e $Y = (y_1, y_2)$, a função de distribuição conjunta pode ser expressa por $F_X(x_1, x_2) = \int_{-\infty}^{x_1} \int_{-\infty}^{x_2} f_Y(y_1, y_2)\, dy_1 dy_2$ para todo $(x_1, x_2) \in \mathbb{R}^2$.

A função densidade conjunta é:

$$\frac{\partial^2 F_X(x_1, x_2)}{\partial_{x_1} \partial_{x_2}} = f_X(x_1, x_2)$$

Exemplo 4.5

Considere:

$$f_X(x_1, x_2) = \begin{cases} 4x_1^2 x_2, & 0 < x_1 < 1, 0 < x_2 < 1 \\ 0, & \text{caso contrário} \end{cases}$$

Nesse caso, a função densidade conjunta do vetor aleatório contínuo é (X_1, X_2). Determine:

a) $P\left(0 < X_1 < \frac{3}{4}, \frac{1}{3} < X_2 < 1\right)$

$$\int_0^{\frac{3}{4}} \int_{\frac{1}{3}}^{1} f(x_1, x_2)\, dx_2 dx_1$$

$$= \int_0^{\frac{3}{4}} \int_{\frac{1}{3}}^{1} 4x_1^2\, x_2\, dx_2 dx_1$$

$$= \int_0^{\frac{3}{4}} \left. \frac{4x_1^2 x_2^2}{2} \right|_{\frac{1}{3}}^{1} dx_1$$

$$= \int_0^{\frac{3}{4}} 2x_1^2\left(1 - \left(\frac{1}{3}\right)^2\right) dx_1$$

$$= \frac{16}{9}\int_0^{\frac{3}{4}} x_1^2 \, dx_1$$

$$= \frac{16}{9} \left.\frac{x_1^3}{3}\right|_0^{\frac{3}{4}} = \frac{1}{4}$$

b) $P\left(\frac{1}{2} < X_1 < 2, 0 < X_2 < \frac{1}{2}\right)$

$$P\left(\frac{1}{2} < X_1 < 2, 0 < X_2 < \frac{1}{2}\right) = P\left(\frac{1}{2} < X_1 < 1, 0 < X_2 < \frac{1}{2}\right)$$

$$= \int_{\frac{1}{2}}^{1}\int_0^{\frac{1}{2}} 4x_1^2 \, x_2 \, dx_2 dx_1$$

$$= \int_{\frac{1}{2}}^{1} \left.\frac{4x_1^2 x_2^2}{2}\right|_0^{\frac{1}{2}} dx_1$$

$$= \frac{1}{2}\int_{\frac{1}{2}}^{1} x_1^2 \, dx_1 = \frac{7}{48}$$

A função densidade de probabilidade (FDP) deve satisfazer duas propriedades:

I. $f_X(x) \geq 0$, para todo $x \in \mathbb{R}^n$

II. $\int_{-\infty}^{+\infty}\cdots\int_{-\infty}^{+\infty} f_X(x) \, dx_1 dx_2 \ldots dx_n = 1$

4.6 Função densidade marginal

Consideremos X um vetor aleatório contínuo. A função densidade marginal é dada pela expressão:

$$f_{X_j(x_j)} = \int_{X_1}\cdots\int_{X_n} f_X(x) dx_1 dx_2 \ldots dx_n \, , \, i \neq j$$

Para vetores aleatórios bidimensionais, a função densidade marginal de f(x, y), definida em [a, b] × [c, d], será a seguinte:

$$f_X(x) = \int_c^d f_{XY}(x, y)dy \text{ e } f_Y(y) = \int_a^b f_{XY}(x, y)dx$$

Exemplo 4.6

Suponha que (X, Y) seja um vetor aleatório contínuo fixado em [0, 1] × [1, 2], com função densidade conjunta $f(x, y) = \frac{8}{3}x^2y$. Encontre a função densidade marginal $f_X(x)$ e $f_Y(y)$.

$$f_X(x) = \int_c^d f_{XY}(x, y)dy$$

$$= \int_1^2 \frac{8}{3}x^2y \, dx = \frac{8}{3}x^2 \left.\frac{y^2}{2}\right|_1^2 = \frac{8}{3}x^2 \left(\frac{4}{2} - \frac{1}{2}\right) = 4x^2$$

$$f_Y(y) = \int_a^b f_{XY}(x, y)dx$$

$$= \int_0^1 \frac{8}{3}x^2y \, dx = \frac{8}{3} \left.\frac{x^3}{3}y\right|_0^1 = \frac{8}{3}y\left(\frac{1}{3} - 0\right) = \frac{8}{9}y$$

Nesse caso, (X, Y) é um vetor aleatório fixado em $a \leq X \leq b$, $c \leq Y \leq d$. As funções de distribuição marginal, determinadas por meio da função de distribuição $F_{XY}(x, y)$, são dadas por:

$$F_X(x) = F(x, d) \text{ e } F_Y(y) = F(b, y)$$

Se *d* ou *b* tende ao infinito (∞), temos que:

$$F_X(x) = \lim_{y \to +\infty} F(x, y) \text{ e } F_Y(y) = \lim_{x \to \infty} F_X(x)$$

Exemplo 4.7

Imagine a função de distribuição $F_{XY}(x, y) = \frac{1}{2}(x^3y + xy^3)$ definida em [0, 1] × [0, 2]. Determine as funções de distribuição marginal e calcule $P\left(X < \frac{1}{2}\right)$.

$$F_X(x) = F(x, d) = F(x, 2) = \frac{1}{2}\left(x^3 \cdot 2 + x \cdot 2^3\right) = \frac{1}{2}\left(2x^3 + 8x\right) = x^3 + 4x$$

$$F_Y(y) = F_Y(b, y) = \frac{1}{2}(1^3 \cdot y + 1 \cdot y^3) = \frac{1}{2}(y + y^3)$$

$$P\left(X < \frac{1}{2}\right) = F_X\left(\frac{1}{2}\right) = \left(\frac{1}{2}\right)^3 + 4 \cdot \frac{1}{2} = \frac{17}{8}$$

A função de distribuição conjunta para o vetor aleatório (X, Y) satisfaz as seguintes propriedades:

I. $F_{XY}(x, y)$ é não decrescente.

II. $F_X(x) = F_{XY}(x, \infty) = \lim_{y \to \infty} F_{XY}(x, y)$ para algum x.

III. $F_Y(y) = F_{XY}(\infty, y) = \lim_{x \to \infty} F_{XY}(x, y)$ para algum y.

IV. $F_{XY}(-\infty, y) = F_{XY}(x, -\infty) = 0$

V. $F_{XY}(\infty, \infty) = 1$ e $F_{XY}(-\infty, -\infty) = 0$

VI. $P(x_1 < X < x_2, y_1 < Y < y_2)$
$= F_{XY}(x_2, y_2) - F_{XY}(x_1, y_2) - F_{XY}(x_2, y_1) + F_{XY}(x_1, y_1)$

VII. Se X e Y são independentes, então $F_{XY}(x, y) = F_X(x) F_Y(y)$

4.7 Esperança e variância

As VAs X e Y apresentam FP conjunta p(x, y) se X e Y forem discretas ou função densidade conjunta f(x, y) se X e Y forem contínuas. A esperança e a variância são dadas pelas seguintes expressões:

$$E(X) = \sum_i \sum_j x_i p(x_i, y_j) - E(X) = \int_{-\infty}^{\infty} \int_{-\infty}^{\infty} x f(x, y) dx dy$$

$$E(Y) = \sum_i \sum_j y_i p(x_i, y_j) - E(Y) = \int_{-\infty}^{\infty} \int_{-\infty}^{\infty} y f(x, y) dx dy$$

$$Var(X) = \sum_i \sum_j x_i^2 p(x_i, y_j) - \{E(X)\}^2 - Var(X) = \int_{-\infty}^{\infty} \int_{-\infty}^{\infty} x^2 f(x, y) dx dy - \{E(X)\}^2$$

$$Var(Y) = \sum_i \sum_j y_i^2 p(x_i, y_j) - \{E(Y)\}^2 - Var(Y) = \int_{-\infty}^{\infty} \int_{-\infty}^{\infty} y^2 f(x, y) dx dy - \{E(Y)\}^2$$

4.8 Condicionalidade e independência

Consideremos X e Y duas VAs no espaço de probabilidades $(\Omega, \mathcal{A}, P)$. Definimos a **distribuição condicional** de X dado Y pela expressão:

$$P(X \in C \,/\, Y \in D) = \frac{P([X \in C] \cap [Y \in D])}{P(Y \in D)}, \; P(Y \in D) > 0 \text{ e } C, D \in \mathcal{B}(\mathbb{R})$$

(σ-álgebra de Borel)

Se $P(Y \in D) = 0$, definimos $P(X \in C \,/\, Y \in D) = P(X \in C)$

Contudo, precisaremos utilizar os conceitos de FP conjunta e de função de distribuição conjunta, que são muito semelhantes a estes.

Para as VAs discretas X e Y, a FP condicional de X dado Y e vice-versa é definida por:

$$P_{X/Y}(x_i \,/\, y_j) = \frac{P(X = x_i, Y = y_j)}{P(Y = y_j)}$$

$$P_{Y/X}(y_j \,/\, x_i) = \frac{P(X = x_i, Y = y_j)}{P(X = x_i)}$$

Se a informação de uma VA não altera a probabilidade de ocorrência da outra, afirmamos que elas são **independentes**. Para o caso bidimensional, X e Y serão independentes se:

$P_{XY}(x, y) = P_X(x) P_Y(y)$, para todo x, y.

Equivalente a isso, temos que:

$F_{XY}(x, y) = F_X(x) F_Y(y)$, para todo x, y.

As esperanças e variâncias condicionais são as seguintes:

$$E(X \,/\, Y = y_j) = \sum_i x_i P_{X/Y}(x_i \,/\, y_j)$$

$$E(Y \,/\, X = x_i) = \sum_j y_j P_{Y/X}(y_j \,/\, x_i)$$

$Var(X \,/\, Y = y_j) = E(X^2 \,/\, Y = y_j) - \{E(X \,/\, Y = y_j)\}^2$
$Var(Y \,/\, X = x_i) = E(Y^2 \,/\, X = x_i) - \{E(Y \,/\, X = x_i)\}^2$

Consideremos as VAs X e Y, com função densidade conjunta $f_{XY}(x, y)$ e função densidade marginal $f_X(x)$ e $f_Y(y)$. Nesse caso, definimos os seguintes conceitos:

I. A função densidade condicional de X, ao se considerar $Y = y$, é dada por:

$$f_{X/Y}(x/y) = \frac{f_{XY}(x, y)}{f_Y(y)}$$

II. A função de distribuição condicional de X considerando-se $Y = y$ é dada por:

$$F_{X/Y}(x/y) = P(X \leq x, Y = y) = \int_{-\infty}^{x} f_{X/Y}(x/y)dx$$

No caso contínuo, as variáveis X e Y serão independentes se:

$f_{X/Y}(x, y) = f_X(x) f_Y(y)$, para todo $(x, y) \in \mathbb{R}^2$

As esperanças e variâncias condicionais para X, ao se considerar $Y = y$, são as seguintes:

$$E(X/Y = y) = \int_{-\infty}^{\infty} x f_{X/Y}(x/y)dx$$

$Var(X/Y = y) = E(X^2/Y = y) - \{E(X/Y = y)\}^2$

Quando duas VAs contínuas são independentes, temos:

$f_{X/Y}(x, y) = f_X(x)$

Dada a função densidade conjunta $f_{X/Y}(x, y)$ das VAs contínuas X e Y independentes, temos:

$f_{X/Y}(x, y) = f_X(x) f_Y(y)$

As VAs $X_1, X_2, ..., X_n$ são independentes e identicamente distribuídas (i.i.d.) por meio da mesma função de distribuição marginal:

$F_{X_1}(x) = F_{X_2}(x) = ... = F_{X_n}(x)$, para todo $x \in \mathbb{R}$

Exemplo 4.8

Dada a função densidade conjunta $f_{XY}(x,y) = \begin{cases} \frac{64}{3}xy, & 0 < x < \frac{1}{2}, \frac{1}{2} < y < 1 \\ 0, & \text{caso contrário} \end{cases}$, verifique se X e Y são independentes.

Para obtermos as funções marginais, devemos considerar que:

$0 < x < \frac{1}{2}$,

$$f_X(x) = \int_{\frac{1}{2}}^{1} \frac{64}{3} xy\, dy = \frac{64}{3} x \frac{y^2}{2}\bigg|_{\frac{1}{2}}^{1} = \frac{64}{3} x \left(\frac{1}{2} - \frac{\frac{1}{4}}{2}\right) = \frac{64}{3} x \left(\frac{3}{8}\right) = 8x$$

e $0 < x < \frac{1}{2} \Rightarrow$

$$f_Y(y) = \int_0^{\frac{1}{2}} \frac{64}{3} xy\, dx = \frac{64}{3}(x^2/2)\, y\bigg|_0^{\frac{1}{2}} = \frac{64}{3} \cdot \left(\frac{1}{8}\right) \cdot y = \frac{8}{3} y$$

Então, devemos determinar a probabilidade condicional conjunta:

$$f_{X/Y}(x/y) = \frac{f_{XY}(x, y)}{f_Y(y)} = \frac{\frac{64}{3} xy}{\frac{8}{3} y} = 8x$$

Como $f_{X/Y}(x\, y) = f_X(x)$ ou $f_{Y/X}(y/x) = f_Y(y)$, as variáveis X e Y são independentes. **Outra forma para verificar a independência é a igualdade:**

$$f_{XY}(x, y) = f_X(x)\, f_Y(y) \Rightarrow \frac{64}{3} xy = 8x \cdot \frac{8}{3} y = \frac{64}{3} xy$$

Logo, X e Y são independentes.

Exemplo 4.9

Consideremos as variáveis contínuas X e Y, com função densidade conjunta dada por:

$$f_{XY}(x, y) = \begin{cases} \dfrac{1 + xy}{4}, & |x| \leq 1,\ |y| \leq 1 \\ 0, & \text{caso contrário} \end{cases}$$

a) Qual é a função densidade condicional de X considerando-se Y = y, $f_{X/Y}(x/y)$?

Primeiro, precisamos determinar a função densidade marginal $f_Y(y)$:

$$f_Y(y) = \int_{-1}^{1} \frac{1 + xy}{4}\, dx = \frac{1}{4}\left(x + \frac{x^2}{2} y\right)\bigg|_{-1}^{1} = \frac{1}{2}$$

$$f_{X/Y}(x/y) = \frac{f_{XY}(x, y)}{f_Y(y)} = \frac{\frac{1+xy}{4}}{\frac{1}{2}} = \frac{1+xy}{2}$$

b) Qual é a função densidade condicional de Y considerando-se X = x, $f_{Y/X}(y/x)$?

Primeiro, precisamos determinar a função densidade marginal $f_X(x)$:

$$f_X(x) = \int_{-1}^{1} \frac{1+xy}{4} \, dy = \frac{1}{4}\left(y + \frac{y^2}{2}x\right)\bigg|_{-1}^{1} = \frac{1}{2}$$

$$f_{Y/X}(y/x) = \frac{f_{XY}(x,y)}{f_X(x)} = \frac{\frac{1+xy}{4}}{\frac{1}{2}} = \frac{1+xy}{2}$$

c) As variáveis X e Y são independentes?

$$f_{X/Y}(x, y) = f_X(x)\, f_Y(y) \Rightarrow \frac{1+xy}{2} \neq \frac{1}{2}\cdot\frac{1}{2}$$

Como $f_{X/Y}(x/y) \neq f_X(x)$, X e Y e não são independentes.

d) Determine E(X) e Var(X).

$$E(X) = \int_{-\infty}^{\infty}\int_{-\infty}^{\infty} x f(x, y)\,dx\,dy$$

$$= \int_{-1}^{1}\int_{-1}^{1} x \frac{1+xy}{4}\,dy\,dx = \int_{-1}^{1}\frac{1}{2} x\,dx = \frac{1}{2}\left(\frac{x^2}{2}\right)\bigg|_{-1}^{1} = \frac{1}{2}\left(\frac{1}{2}-\frac{1}{2}\right) = 0$$

Primeiro, vamos calcular:

$$E(X^2) = \int_{-\infty}^{\infty}\int_{-\infty}^{\infty} x^2 f(x, y)\,dx\,dy = \int_{-1}^{1}\int_{-1}^{1} x^2 \frac{1+xy}{4}\,dy\,dx = \int_{-1}^{1}\int_{-1}^{1}\frac{x^2 + x^3 y}{4}\,dy\,dx$$

$$= \int_{-1}^{1}\frac{1}{4}\left(x^2 y + x^3\frac{y^2}{2}\right)\bigg|_{-1}^{1}\,dx = \int_{-1}^{1}\frac{1}{2}x^2\,dx = \frac{1}{3}$$

$$\mathrm{Var}(X) = \int_{-\infty}^{\infty}\int_{-\infty}^{\infty} x^2 f(x, y)\,dx\,dy - \{E(X)\}^2 = \frac{1}{3} - 0^2 = \frac{1}{3}$$

Exemplo 4.10

Considere as variáveis discretas X e Y com FP conjunta dada por:

x \ y	0	1	2	$p_Y(y)$
0	0,25	0,1	0,15	
1	0,14	0,35	0,01	0,5
$p_X(x)$		0,45	0,16	

a) Complete a tabela.

Somadas as colunas e as linhas, temos:

x \ y	0	1	2	$p_Y(y)$
0	0,25	0,1	0,15	**0,5**
1	0,14	0,35	0,01	**0,5**
$p_X(x)$	**0,39**	**0,45**	**0,16**	**1**

b) Comprove que o somatório de cada linha dá a distribuição de probabilidade marginal de x.

Temos que:

$$P(X = x_i) = \sum_{j=1}^{m} P(X = x_i, Y = y_j)$$

Para:
$i = 1$, $x_1 = 0 \Rightarrow P(X = x_1) = P(X = 0, Y = 0) + P(X = 0, Y = 1) + P(X = 0, Y = 2) = 0{,}25 + 0{,}1 + 0{,}15 = 0{,}5$

Para:
$i = 2$, $x_2 = 1 \Rightarrow P(X = x_2) = P(X = 1, Y = 0) + P(X = 1, Y = 1) + P(X = 1, Y = 2) = 0{,}14 + 0{,}35 + 0{,}01 = 0{,}5$

Preste atenção!

Observe que $\sum_{i=1}^{n} P(X = x_i) = 1$ e $\sum_{j=1}^{m} P(Y = y_j) = 1$.

---

c) Comprove que a soma de $P(Y = y_j)$, $j = 1, 2, 3$, dá a distribuição de probabilidade marginal de y.

Temos que:

$$P(Y = y_j) = \sum_{i=1}^{n} P(X = x_i, Y = y_j)$$

Para:
$j = 1$, $y_1 = 0$, $P(Y = y_1) = P(X = 0, Y = 0) + P(X = 1, Y = 0) = 0{,}25 + 0{,}14 = 0{,}39$
$j = 2$, $y_2 = 1 \Rightarrow P(Y = y_2) = P(X = 0, Y = 1) + P(X = 1, Y = 1) = 0{,}1 + 0{,}35 = 0{,}45$
$j = 3$, $y_3 = 2 \Rightarrow P(Y = y_3) = P(X = 0, Y = 2) + P(X = 1, Y = 2) = 0{,}15 + 0{,}01 = 0{,}16$

d) Determine $p_Y(0)$.

Com relação ao item *c*, podemos perceber o seguinte:

$P(Y=0) = P(X=0, Y=0) + P(X=1, Y=0) = 0{,}25 + 0{,}14 = 0{,}39$

e) Determine $E(Y)$ e $Var(Y)$.

$$E(Y) = \sum_i \sum_j y_i p(x_i, y_j) = 0 \cdot 0{,}25 + 0 \cdot 0{,}14 + 1 \cdot 0{,}1 + 1 \cdot 0{,}35 + 2 \cdot 0{,}15 + 2 \cdot 0{,}01 = 0{,}77$$

$$Var(Y) = \sum_i \sum_j y_i^2 p(x_i, y_j) - \{E(Y)\}^2$$

$$\sum_i \sum_j y_i^2 p(x_i, y_j) = 0^2 \cdot 0{,}25 + 0^2 \cdot 0{,}14 + 1^2 \cdot 0{,}1 + 1^2 \cdot 0{,}35 + 2^2 \cdot 0{,}15 + 2^2 \cdot 0{,}01 = 1{,}09$$

$Var(Y) = 1{,}09 - 0{,}77^2 = 0{,}4971$

f) Determine a FP condicional de Y considerando $X = 0$ para $Y = 1$, $p_{Y/X}(y/x)$.

$$p_{Y/X}(y/x) = \frac{p_{XY}(0,1)}{p_X(1)} = \frac{0{,}1}{0{,}5} = \frac{1}{5}.$$

g) As variáveis são independentes?

As variáveis X e Y serão independentes se:

$P(X = x_i, Y = y_j) = P(X = x_i) \cdot P(Y = y_j)$, para todo par (x_i, y_j).

$P(X = 0, Y = 1) = 0{,}1$, mas $P(X = 0) \cdot P(Y = 1) = 0{,}5 \cdot 0{,}45 = 0{,}225$

Logo, não são independentes.

Outra forma de se identificar a independência ou a dependência entre as variáveis é verificando a seguinte igualdade:

$p_{X/Y}(x_i / y_j) = p_X(x_i)$

$$p_{X/Y}(x_i / y_j) = \frac{p_{XY}(x_i, y_j)}{p_Y(y_j)} = \frac{0{,}1}{0{,}45} \neq p_X(x_i) = 0{,}5$$

Novamente, verificamos que X e Y não são independentes.

4.9 Covariância e correlação

A **covariância** das VAs e é representada por $Cov(X, Y)$ e definida por:

$Cov(X, Y) = E\{[X - E(X)][Y - E(Y)]\}$

Desenvolvendo a igualdade acima, temos:

$$\text{Cov}(X, Y) = E[XY - E(X)Y - XE(Y) + E(X)E(Y)]$$
$$= E(XY) - E(X)E(Y) - E(X)E(Y) + E(X)E(Y)$$
$$= E(XY) - E(X)E(Y)$$

> **Importante!**
> Se as variáveis X e Y forem independentes, teremos o seguinte: Cov(X, Y) = 0. Contudo, a recíproca não é verdadeira, isto é, se Cov(X, Y) = 0, isso não implica necessariamente que as variáveis serão independentes.

A covariância é definida como um valor esperado e pode ser escrita conforme demonstramos a seguir. Se X e Y têm FP conjunta $p_{XY}(x_i, y_j)$, então:

$$\text{Cov}(X,Y) = \sum_i^n \sum_j^m p(x_i, y_j)(x_i - E(X))(y_j - E(Y)) = \sum_i^n \sum_j^m p(x_i, y_j)x_i y_j - E(X)E(Y)$$

$$= E(XY) - E(X)E(Y)$$

Se X e Y têm FP conjunta $f_{XY}(x_i, y_j)$ em $[a, b] \times [c, d]$, então:

$$\text{Cov}(X, Y) = \int_a^b \int_c^d (x - E(X))(y - EY)f(x, y)dxdy = \int_a^b \int_c^d xyf(x, y)dydx - E(X)E(Y)$$

As **propriedades da covariância** são as seguintes:

I. $\text{Cov}(aX + b, cY + d) = ac\text{Cov}(X, Y)$, para a, b, c e d constantes.
II. $\text{Cov}(X, X) = \text{Var}(X)$
III. $\text{Cov}(X, Y) = E(XY) - E(X)E(Y)$
IV. $\text{Cov}(X + Y) = \text{Var}(X) + \text{Var}(Y) + 2\text{Cov}(X, Y)$

Uma medida do grau de dependência entre as VAs X e Y é o coeficiente de **correlação** $\rho(X, Y)$, definido por:

$$\rho(X, Y) = \frac{\text{Cov}(X,Y)}{\sqrt{\text{Var}(X)\text{Var}(Y)}}$$

O coeficiente de correlação é adimensional e varia entre −1 e 1, isto é, $-1 \leq \rho \leq 1$.

> **Importante!**
> Se considerarmos X e Y VA independentes, então ρ(X, Y) = 0. Porém, a recíproca nem sempre é verdadeira.
>
> O coeficiente de correlação ρ é uma medida de relação linear entre as VAs X e Y. Quanto mais próximo o valor estiver de +1 ou de –1, maior será o grau de linearidade.
>
> O valor de ρ próximo ou igual a zero indica que a relação entre as variáveis, se existir, é não linear.

Exemplo 4.11

Considere um casal com 3 filhos: X corresponde ao número de filhos do sexo masculino nos dois primeiros nascimentos e Y ao número de filhos do sexo masculino nos dois últimos nascimentos. Determine a covariância e a correlação entre as variáveis.

Nesse caso, há as seguintes possibilidades:

H: filho do sexo masculino

M: filho do sexo feminino

Quadro 4.2 – Possibilidades de gênero dos três filhos

H	H	H
H	H	M
H	M	H
H	M	M
M	H	H
M	H	M
M	M	H
M	M	M

$$\text{MMM} \Rightarrow P(X = 0, Y = 0) = \frac{1}{8}$$

$$\text{MMH} \Rightarrow P(X = 0, Y = 1) = \frac{1}{8}, \quad P(X = 0, Y = 2) = 0$$

$$\text{HMM} \Rightarrow P(X = 1, Y = 0) = \frac{1}{8}$$

$$\text{HMH e MHM} \Rightarrow P(X = 1, Y = 1) = \frac{2}{8}$$

MHH $\Rightarrow$ P(X = 1, Y = 2) = $\frac{1}{8}$, (X = 2, Y = 0) = 0

MHH $\Rightarrow$ P(X = 1, Y = 2) = $\frac{1}{8}$, (X = 2, Y = 0) = 0

HHM $\Rightarrow$ P(X = 2, Y = 1) = $\frac{1}{8}$

HHH $\Rightarrow$ P(X = 2, Y = 2) = $\frac{1}{8}$

x \ y	0	1	2	$p_X(x_i)$
0	$\frac{1}{8}$	$\frac{1}{8}$	0	$\frac{1}{4}$
1	$\frac{1}{8}$	$\frac{2}{8}$	$\frac{1}{8}$	$\frac{1}{2}$
2	0	$\frac{1}{8}$	$\frac{1}{8}$	$\frac{1}{4}$
$p_Y(y_i)$	$\frac{1}{4}$	$\frac{1}{2}$	$\frac{1}{4}$	1

As médias E(X) e E(Y) são:

$$E(X) = 0 \cdot \frac{1}{4} + 1 \cdot \frac{1}{2} + 2 \cdot \frac{1}{4} = 1$$

$$E(Y) = 0 \cdot \frac{1}{4} + 1 \cdot \frac{1}{2} + 2 \cdot \frac{1}{4} = 1$$

$$\sum_{i}^{n}\sum_{j}^{m} p(x_i, y_j) x_i y_j$$
$$= \frac{1}{8} \cdot 0 \cdot 0 + 0 \cdot 1 \cdot \frac{1}{8} + 0 \cdot 2 \cdot 0 + 1 \cdot 0 \cdot \frac{1}{8} + 1 \cdot 1 \cdot \frac{2}{8} + 1 \cdot 2 \cdot \frac{1}{8} + 2 \cdot 0 \cdot 0 + 2$$
$$\cdot 1 \cdot \frac{1}{8} + 2 \cdot 2 \cdot \frac{1}{8} = \frac{10}{8}$$

$$Cov(X, Y) = \sum_{i}^{n}\sum_{j}^{m} p(x_i, y_j) x_i y_j - E(X)E(Y) = \frac{10}{8} - 1 = \frac{2}{8} = \frac{1}{4}$$

O cálculo das variâncias Var(X) e Var(Y) é:

$$E(X^2) = 0^2 \cdot \frac{1}{4} + 1^2 \cdot \frac{1}{2} + 2^2 \cdot \frac{1}{4} = \frac{3}{2}$$

$$E(Y^2) = 0^2 \cdot \frac{1}{4} + 1^2 \cdot \frac{1}{2} + 2^2 \cdot \frac{1}{4} = \frac{3}{2}$$

$$\text{Var}(X) = \sum_i \sum_j x_i^2 p(x_i, y_j) - \{E(X)\}^2 = \frac{3}{2} - 1^2 = \frac{1}{2}$$

$$\text{Var}(Y) = \sum_i \sum_j y_i^2 p(x_i, y_j) - \{E(Y)\}^2 - \text{Var}(Y) = \frac{3}{2} - 1^2 = \frac{1}{2}$$

Por fim, o cálculo da correlação é:

$$\rho(X,Y) = \frac{\text{Cov}(X, Y)}{\sqrt{\text{Var}(X)\text{Var}(Y)}} = \frac{\frac{1}{4}}{\sqrt{\frac{1}{2}} \cdot \sqrt{\frac{1}{2}}} = \frac{1}{2}$$

Exemplo 4.12

A distribuição de probabilidades das VAs X e Y é dada por:

x \ y	−2	−1	0	1	2	p$_X$(x$_i$)
0	0	0	0,2	0	0	0,2
1	0	0,2	0	0,2	0	0,4
2	0,2	0	0	0	0,2	0,4
p$_Y$(y$_j$)	0,2	0,2	0,2	0,2	0,2	1

a) Determine Cov(X, Y) e ρ(X, Y).

Cálculo das médias:

$E(X) = 0 \cdot 0{,}2 + 1 \cdot 0{,}4 + 2 \cdot 0{,}4 = 1{,}2$

$E(Y) = -2 \cdot 0{,}2 - 1 \cdot 0{,}2 + 0 \cdot 0{,}2 + 1 \cdot 0{,}2 + 2 \cdot 0{,}2 = 0$

$E(XY) = -1 \cdot 0{,}2 + 1 \cdot 0{,}2 - 4 \cdot 0{,}2 + 4 \cdot 0{,}2 = 0$

$$\text{Cov}(X,Y) = \sum_i^n \sum_j^m p(x_i, y_j) x_i y_j - E(X)E(Y) = 0 - 1{,}2 \cdot 0 = 0$$

$E(X^2) = 0^0 \cdot 0{,}2 + 1^2 \cdot 0{,}4 + 2^2 \cdot 0{,}4 = 2$

$E(Y^2) = (-2)^2 \cdot 0{,}2 + (-1)^2 \cdot 0{,}2 + 0^2 \cdot 0{,}2 + 1^2 \cdot 0{,}2 + 2^2 \cdot 0{,}2 = 2$

$Var(X) = 2 - 1{,}2 \cdot 0 = 2$

$Var(Y) = 2 - 1{,}2 \cdot 0 = 2$

b) As variáveis são independentes?

Não, porque $P(X=0, Y=-2) = 0$ e $P(X=0) \cdot P(Y=-2) = 0{,}2 \cdot 0{,}2 = 0{,}4$.

Exemplo 4.13

As VAs contínuas X e Y apresentam FDP conjunta, de modo que

$$f(x, y) = \begin{cases} 4xy, & 0 \leq x \leq 1, 0 \leq y \leq 1 \\ 0, & \text{caso contrário} \end{cases}.$$

Determine Cov(X, Y) e ρ(X, Y).

$$E(X) = \int_0^1 \int_0^1 4x^2 y \, dx \, dy = \int_0^1 4 \cdot \frac{x^3}{3} y \Big|_0^1 dy = \int_0^1 \frac{4}{3} y \, dy = \frac{4}{6} y^2 \Big|_0^1 = \frac{4}{6} = \frac{2}{3}$$

$$E(Y) = \int_0^1 \int_0^1 4xy^2 \, dx \, dy = \int_0^1 4 \cdot x \cdot \frac{y^3}{3} \Big|_0^1 dx = \int_0^1 \frac{4}{3} x \, dx = \frac{4}{6} x^2 \Big|_0^1 = \frac{2}{3}$$

$$E(XY) = \int_0^1 \int_0^1 4x^2 y^2 \, dx \, dy = \int_0^1 4 \cdot \frac{x^3}{3} y^2 \Big|_0^1 dy = \int_0^1 \frac{4}{3} y^2 \, dy = \frac{4}{9} y^3 \Big|_0^1 = \frac{4}{9}$$

$$Cov(X, Y) = \int_a^b \int_c^d xy f(x,y) \, dx \, dy - E(X)E(Y) = \frac{4}{9} - \frac{2}{3} \cdot \frac{2}{3} = 0$$

$$\rho(X, Y) = \frac{Cov(X,Y)}{\sqrt{Var(X)Var(Y)}} = 0$$

4.10 Função geratriz de momentos

Os momentos são medidas que fornecem uma ideia da tendência central, da dispersão e da assimetria de uma FP.

Para k = 1, 2, 3, ..., o momento de ordem *k* da VA X é definido por $E(X^k)$. Se $E(X) < \infty$, o *k*-ésimo momento central de X será definido por:

$E[(X - E(X))^k]$

O momento de primeira ordem (k = 1) é a média:

$$E(X^1) = E(X) = \mu X$$

E o momento central de segunda ordem é a variância:

$$E[(X - E(X))^1] = E[X - \mu X] = Var(X)$$

A função geratriz de momentos $M_X(s)$ da VA X é definida da seguinte maneira para todos os valores de $s \in \mathbb{R}$:

$$M_X(s) = E(e^{sX})$$

Todos os momentos de X podem ser obtidos pela sua função geratriz, mediante o cálculo sucessivo da derivada de $M_X(s)$. Em particular, $E(X) = M'_X(0)$ e $E(X^2) = M''_X(0)$.

Exemplo 4.14

Considerando $X \sim \text{Exp}(\theta)$, determine:

a) a função geratriz de momentos.

Como a FDP da distribuição exponencial é $f(x/\theta) = \theta e^{-\theta x}$, $x > 0$, então a função geratriz de momentos será dada por:

$$M_X(s) = E(e^{sx}) = \int_{-\infty}^{\infty} e^{sx} f(x) \, dx = \int_{-\infty}^{\infty} e^{sx} \theta e^{-\theta x} dx =$$

$$= \theta \int_0^{\infty} e^{-(\theta - s)x} dx = \theta \left[\frac{e^{-(\theta - s)x}}{\theta - s} \right]_0^{\infty} = \frac{\theta}{\theta - s}$$

$$M_X(s) = \frac{\theta}{\theta - s}$$

b) a média.

$$E(X) = \frac{d}{ds} M_X(s) \bigg|_{s=0} = \frac{\theta}{(\theta - s)^2}, \, s = 0 = \frac{1}{\theta}$$

$$E(X^2) = \frac{d^2}{ds^2} M_X(s) = \frac{d^2}{ds^2} \left(\frac{\theta}{(\theta - s)^2} \right), \, s = 0 = \frac{2}{\theta^2}$$

c) a variância.

$$\text{Var}(X) = \frac{2}{\theta^2} - \left(\frac{1}{\theta}\right)^2 = \frac{1}{\theta^2}$$

4.11 Função característica

Existem VAs para as quais a função geratriz não existe em virtude de o valor da integral não ser finito, como para a VA X da distribuição Cauchy, dada por:

$$f_X(x) = \frac{\frac{1}{\pi}}{1+x^2}, \ x \in \mathbb{R}, \text{ pois } M_X(s) = \infty$$

Definimos a função característica como $\varphi_X(\omega) = E[e^{j\omega X}]$, em que $j = \sqrt{-1}$ e ω é um número real.

Síntese

Neste capítulo, demonstramos que a função de probabilidade (FP) conjunta descreve a probabilidade para um vetor aleatório. Essa função é descrita por $p_X(x_1, x_2, ..., x_n)$, se X for um vetor discreto, ou por $f_X(x_1, x_2, ..., x_n)$, se X for um vetor contínuo. Essas funções, por sua vez, podem ser usadas para encontrar outros dois tipos de distribuição: a marginal e a conjunta. Por meio dessas funções, é possível verificar se as variáveis aleatórias (VAs) são independentes.

Atividades de autoavaliação

1) Considere o lançamento de dois dados e as variáveis aleatórias (VAs) X e Y, de modo que X represente o valor do primeiro dado e Y o valor do segundo dado (que é um número par). O quadro da FP conjunta é dado por:

X \ Y	2	4	6
1	1/18	1/18	1/18
2	1/18	1/18	1/18
3	1/18	1/18	1/18
4	1/18	1/18	1/18
5	1/18	1/18	1/18
6	1/18	1/18	1/18

Determine a probabilidade:
a. conjunta de X = 2 e Y = 6.
b. marginal de X = 3.

c. marginal de $Y = 6$.
d. marginal de $Y \leq 4$.
e. marginal de $3 \leq X \leq 5$.

2) As VAs X e Y apresentam a seguinte distribuição de probabilidade:

X / Y	0	1	2
0	1/8	1/4	1/6
1	1/8	1/6	1/6

Determine:
a. $P(X = 1, Y \leq 1)$.
b. as funções de probabilidades (FPs) marginais para X e Y.
c. $P(Y = 0, X = 1)$.
d. $P_{X/Y}(X = 0 / Y = 1)$
e. $P_{X/Y}(Y = 0, X = 1)$
f. se X e Y são independentes.
g. $E(X)$ e $Var(X)$.

3) Considere as VAs discretas X e Y. Nesse caso, a distribuição de probabilidades é dada por:

x \ y	1	2	3	4	$p_X(x_i)$
1	1/4	1/8	1/16	1/16	
2	1/16	1/16	1/4	1/8	
$p_Y(y_j)$					

a. Complete a tabela com as distribuições marginais.
b. Determine $P_{X/Y}(1,4)$.
c. Determine $E(X)$ e $E(Y)$.
d. Determine $Cov(X, Y)$ e $\rho(X, Y)$.

4) Verifique se a função $f(x, y) = \begin{cases} x^3 y^2, & 0 \leq x \leq 1, 0 \leq y \leq 1 \\ 0, & \text{caso contrário} \end{cases}$, $a \in \mathbb{R}$, é uma função densidade de probabilidade (FDP).

5) Dada a função $f(x, y) = \begin{cases} kxy, & 0 \leq x \leq 1, 0 \leq y \leq 1 \\ 0, & \text{caso contrário} \end{cases}$, determine:

a. o valor de k para que $f(x, y)$ seja uma FDP.
b. as funções marginais.
c. a função densidade condicional de X considerando $Y = y$, $f_{X/Y}(x/y)$.
d. a função densidade condicional de Y considerando $X = x$, $f_{X/Y}(y/x)$.
e. se as variáveis X e Y são independentes.
f. $E(X)$ e $Var(X)$.

6) Com base na função $f(x, y) = \begin{cases} 2, & 0 \leq x \leq y \leq 1 \\ 0, & \text{caso contrário} \end{cases}$, determine:

a. as funções marginais. Observe que $0 \leq x \leq y$ e $x \leq y \leq 1$ no cálculo das integrais.
b. se as variáveis X e Y são independentes.
c. Cov(X, Y) e ρ(X, Y).

7) Tendo em vista a função $f(x, y) = \begin{cases} x + y, & 0 \leq x \leq 1, 0 \leq y \leq 1 \\ 0, & \text{caso contrário} \end{cases}$, determine:

a. as funções marginais.
b. se as variáveis X e Y são independentes.
c. Cov(X, Y) e ρ(X, Y).

8) Uma pesquisa realizada em um hospital apresentou os seguintes números de casos de câncer entre fumantes e não fumantes:

	Não fumantes	Fumantes	Total
Sem câncer	40	10	50
Com câncer	7	3	10
Total	47	13	60

Determine a distribuição de probabilidade considerando as probabilidades conjuntas.

Atividades de aprendizagem

Questões para reflexão

1) Considere as variáveis aleatórias (VAs) X (lucro por ações) e Y (valor da ação), tendo em vista que a distribuição de probabilidade conjunta é dada por:

x \ y	$ 100	$ 300	$ 500	
$ 10	2/6	1/6	0	1/2
$ 30	0	2/6	1/6	1/2
	2/6	3/6	1/6	

Determine a probabilidade condicional de Y considerando que o lucro por ação foi de $ 10.

2) Imagine as VAs contínuas X e Y, com função densidade de probabilidade (FDP) dada por:

$$f(x, y) = \begin{cases} \dfrac{3}{2}, & 0 \leq x \leq 1, x^2 \leq y \leq 1 \\ 0, & \text{caso contrário} \end{cases}$$

Determine:
a. a função densidade condicional de Y considerando $X = x$, $f_{Y/X}(y/x)$.
b. a média da condicional de Y considerando $X = x$.

Atividade aplicada: prática

1) Construa um quadro de distribuição de probabilidade conjunta com as distribuições de probabilidades marginais.

Além de ser a ciência responsável pelo estudo dos resultados possíveis de determinado experimento, conforme demonstramos anteriormente, a estatística é a ciência que se dedica à coleta, organização, análise e interpretação de dados (estatística descritiva).

Neste capítulo, examinamos a inferência estatística, área dedicada ao estudo da tomada de decisões. A metodologia desse campo contempla a coleta de uma amostra aleatória da população, a qual fornecerá os dados que servirão de base para se chegar a conclusões sobre os parâmetros dessa população.

5
Inferência estatística

5.1 Estimação de parâmetros

A população é descrita por um modelo teórico de probabilidade fundamentado em parâmetros estimados e dados amostrais. A escolha do modelo probabilístico para a população pode ser feita por meio de gráficos ou testes que permitam verificar a representatividade do modelo para essa população. Inicialmente, vamos nos dedicar apenas à estimativa dos parâmetros do modelo.

Quando admitimos que a população de todos os pacotes de 1 kg (empacotamento por uma máquina) é convenientemente descrita por um modelo de distribuição normal, especificamos o modelo de probabilidade, dado por:

$$f_X(x) = \frac{1}{\sigma\sqrt{2\pi}} \, e^{-\frac{1}{2}\left(\frac{x-\mu}{\sigma}\right)^2}, \; x, \mu \text{ e } \sigma \in \mathbb{R}$$

Nesse caso, os parâmetros são a média μ e o desvio padrão σ. Em geral, os parâmetros são desconhecidos e, para que seja feita a inferência sobre a população, precisam ser estimados. Assim, é necessário conhecer seus estimadores para efetuar a inferência sobre o parâmetro populacional.

Vejamos alguns conceitos importantes da **teoria da estimação**:

- **População**: é a coleção de todos os indivíduos ou objetos que têm, pelo menos, uma característica comum e observável.
- **Amostra**: é o subconjunto da população cujas informações são coletadas. O processo de seleção da amostra chama-se *amostragem*. Existem diversos tipos de amostragem, como a casual simples, a sistemática, a por estratos e a por conglomerados.
- **Parâmetro**: descreve o modelo de probabilidade e, consequentemente, a população, configurando-se, portanto, como uma característica desta. Geralmente, utilizam-se letras gregas para representá-lo – genericamente, utiliza-se a letra θ. Exemplos de parâmetros: média μ, desvio padrão σ, variância σ^2, correlação ρ e proporção p.

- **Estimador**: também chamado de *estatística do parâmetro*, o estimador é uma característica da amostra, ou seja, é uma variável aleatória (VA) em função dos elementos amostrais. Genericamente, utiliza-se a letra $\hat{\theta}$. Exemplos de estimadores: média $\bar{x}$, desvio padrão s, variância s^2 e correlação r. Vejamos um exemplo:

  O estimador do parâmetro μ é a média amostral $\bar{x} = \dfrac{\sum_{i=1}^{n} x_i}{n}$.

  A variável $\bar{x}$ é dependente de $x_1, x_2, ..., x_n$.

- **Estimativa**: é o valor numérico obtido pelo estimador ($\hat{\theta}_0$). Observe que para cada amostra da população há uma estimativa para o parâmetro populacional.

- **Erro amostral**: é a diferença entre o estimador e o parâmetro. É definido por $\varepsilon = \hat{\theta} - \theta$.

5.1.1 Tipos de estimação

Existem dois tipos de estimação:

- **Estimação por ponto**: serve para determinar um único valor supostamente igual ao parâmetro.
- **Estimação por intervalo**: trata-se de um intervalo em torno do valor obtido pela estimação por ponto, o qual é determinado para estabelecer uma probabilidade conhecida (nível de confiança) que define o parâmetro como pertencente a esse intervalo.

5.1.2 Propriedades dos estimadores paramétricos

É necessário que os estimadores sejam suficientes, não viciados, eficientes e consistentes. Antes de identificar suas propriedades, é preciso entender alguns conceitos.

Quando estimamos o parâmetro θ usando como estimador a estatística $\hat{\theta} = T(X)$, encontramos uma medida para avaliar o estimador denominada *erro quadrático médio*: $R(T, \theta) = E\left[\left(T(X) - \theta\right)^2\right]$. A diferença entre a esperança do estimador e o parâmetro é denominada *viés*.

O viés $B(\hat{\theta})$ mede quanto e em que direção o valor esperado de $T(X)$ está longe do parâmetro θ, ou seja, $B(\hat{\theta}) = E(\hat{\theta}) - \theta$. Então, $B(\hat{\theta})$ próximo de zero indica que, em média, $\hat{\theta}$ é próximo de θ.

A seguir, descrevemos as propriedades dos estimadores paramétricos.

Suficiência

Um estimador $\hat{\theta}$ é suficiente se contém informações sobre a população que qualquer outro estimador não poderia extrair da amostra, além daquelas que o próprio $\hat{\theta}$ apresenta. Se $X_1, X_2, ..., X_n$ são VAs de uma distribuição de probabilidade com parâmetro desconhecido θ, então a estatística $\hat{\theta} = T(X_1, X_2, ..., X_n)$ será suficiente para θ se a distribuição de $\hat{\theta}$ for independente de θ.

Estimador não viciado

Um estimador $\hat{\theta} = T(X)$ é não viciado, não tendencioso ou não viesado quando seu valor esperado é igual ao valor do parâmetro, isto é, $E(T(X)) = E(\hat{\theta}) = \theta$. Se o viés for igual a zero, $B(\hat{\theta}) = 0$, então $\hat{\theta}$ será um estimador não viciado.

Exemplo 5.1

Verifique se os estimadores $\bar{x} = \frac{\sum_{i=1}^{n} x_i}{n}$ e $\hat{\theta} = \frac{1}{n}\sum_{i=1}^{n}(x_i - \bar{x})^2$ são, respectivamente, estimadores não viciados de μ e σ^2.

Para $\bar{x} = \frac{X_1 + X_2 + \ldots + X_n}{n}$:

$$E(\bar{x}) = E\left(\frac{X_1 + X_2 + \ldots + X_n}{n}\right) = \frac{1}{n}E(X_1 + \ldots + X_n) = \frac{1}{n}(E(X_1) + \ldots + E(X_n))$$

$$= \frac{1}{n}(\mu + \ldots + \mu) = \frac{1}{n} \cdot n\mu = \mu$$

Logo, o estimador é não viciado.

Para $\hat{\theta} = \frac{1}{n}\sum_{i=1}^{n}(x_i - \bar{x})^2$:

$$E(\hat{\theta}) = E\left(\frac{\sum_{i=1}^{n}(x_i^2 - 2\bar{x}\sum_{i=1}^{n}x_i + \sum_{i=1}^{n}\bar{x}^2)}{n}\right) = \frac{1}{n}E\left\{\sum_{i=1}^{n}x_i^2 - 2\bar{x}n \cdot \frac{\sum_{i=1}^{n}x_i}{n} + n\bar{x}^2\right\}$$

$$= \frac{1}{n}\left(E\sum_{i=1}^{n}x_i^2 - E(n\bar{x}^2)\right) = \frac{1}{n}\left(\sum_{i=1}^{n}E(x_i^2) - nE(\bar{x}^2)\right)$$

No entanto:

$$E(x^2) = \sigma^2 + \mu^2 \text{ e } E(\bar{x}^2) = \frac{\sigma}{n} + \mu^2$$

$$E(\hat{\theta}) = \frac{1}{n}(n(\sigma^2 + \mu^2)) - n\left(\frac{\sigma^2}{n} + \mu^2\right) = \sigma^2 + \mu^2 - \frac{\sigma^2}{n} - \mu^2 = \frac{(n-1)\sigma^2}{n} \neq \sigma^2$$

e $B(\hat{\theta}) = E(\hat{\theta}) - \sigma^2 = -\frac{\sigma^2}{n}$

Logo, $\hat{\theta}$ é um estimador viciado.

> **Preste atenção!**
> O estimador não viciado da variância σ^2 é $s^2 = \frac{1}{n-1}\sum_{i=1}^{n}(x_i - \bar{x})^2$. Observe que na demonstração obtivemos $\frac{(n-1)\sigma^2}{n}$. Se o denominador fosse $n - 1 =$, teríamos $\frac{(n-1)\sigma^2}{n-1} = \sigma^2$.

Consistência

Consideremos $\hat{\theta}_1, \hat{\theta}_2, \ldots, \hat{\theta}_n, \ldots$ uma sequência de estimadores pontuais de θ. Nesse caso, $\hat{\theta}_n$ será um estimador consistente para θ se:

$$\lim_{n\to\infty} P(|\hat{\theta}_n - \theta| \geq \epsilon) = 0, \text{ para todo } \epsilon > 0.$$

Podemos afirmar que, à medida que o tamanho da amostra aumenta, $\hat{\theta}$ passa a convergir com o valor real de θ, isto é, conforme aumentamos o tamanho da amostra, mais precisa se torna a estimativa.

Teorema:

Consideremos $\hat{\theta}_1, \hat{\theta}_2, \ldots, \hat{\theta}_n, \ldots$ uma sequência de estimadores pontuais de θ. Se $\lim_{n\to\infty} R(\hat{\theta}_n) = 0$, então $\hat{\theta}_n$ é um estimador consistente para θ.

Eficiência

Consideremos os estimadores $\hat{\theta}_1$ e $\hat{\theta}_2$ não viciados e detentores de amostras do mesmo tamanho. Nesse caso, será um estimador mais eficiente que $\hat{\theta}_2$, se $\mathrm{Var}(\hat{\theta}_1) < \mathrm{Var}(\hat{\theta}_2)$.

5.2 Distribuição amostral da média

Já vimos que os estimadores não viciados da média μ e da variância populacional σ^2 são, respectivamente:

$$\bar{x} = \frac{\sum_{i=1}^{n} x_i}{n} \text{ e}$$

$$s^2 = \frac{1}{n-1}\sum_{i=1}^{n}(x_i - \bar{x})^2$$

Retiramos uma amostra de n de uma população X com tamanho N. Para cada parâmetro θ desconhecido da população, devemos utilizar um estimador $\hat{\theta}$ e determinar sua estimativa para esse parâmetro. Como o valor de $\hat{\theta}$ varia de uma amostra para outra, $\hat{\theta}$ é uma VA. Confira a Tabela 5.1.

Tabela 5.1 – Distribuição amostral

População	Amostra	Estimativa
	1	$\hat{\theta}_1$
X	2	$\hat{\theta}_2$
	...	
	k	$\hat{\theta}_k$

Para uma população infinita ou uma amostragem com reposição, os valores das amostras são VAs independentes com a mesma distribuição de probabilidade da população.

Agora, vamos determinar os estimadores para a distribuição amostral da média, $E(\hat{\theta})$ e $Var(\hat{\theta})$:

$$E(\hat{\theta}) = E(\bar{x}) = E\left(\frac{1}{n}(x_1 + x_2 + ... + x_n)\right) = \frac{1}{n}\left(E(x_1) + E(x_2) + ... + E(x_n)\right) =$$

$$= \frac{1}{n}(\mu + \mu + ... + \mu) = \frac{1}{n} \cdot n\mu = \mu$$

Portanto:

$$E(\bar{x}) = \mu_{\bar{x}} = \mu$$

Logo, a média dos possíveis valores de $\hat{\theta}_1, \hat{\theta}_2, ..., \hat{\theta}_k, ...$ é a própria média μ da população.

$$Var(\hat{\theta}) = Var(\bar{x}) = Var\left(\frac{1}{n}(x_1 + x_2 + ... + x_n)\right) =$$

$$= \frac{1}{n^2}\left(Var(x_1) + Var(x_2) + ... + Var(x_n)\right) =$$

$$= \frac{1}{n^2}(\sigma^2 + \sigma^2 + ... + \sigma^2) = \frac{1}{n^2} \cdot n\sigma^2 = \frac{\sigma^2}{n}$$

Portanto:

$$\text{Var}(x) = \sigma_{\overline{x}}^2 = \frac{\sigma^2}{n}$$

O desvio padrão de um estimador é denominado *erro padrão*. Logo, $\sigma_{\overline{x}} = \frac{\sigma}{\sqrt{n}}$ é o erro padrão da média.

Se retirarmos uma amostra de tamanho n de uma população com distribuição normal, suficientemente grande, chegaremos à seguinte conclusão: $\overline{x} \sim N\left(\mu, \frac{\sigma^2}{n}\right)$.

Para uma amostragem sem reposição de populações finitas, de tamanho N conhecido $\left(\frac{n}{N} > 0{,}05\right)$, demonstra-se que:

$$\text{Var}(\overline{x}) = \sigma_{\overline{x}}^2 = \frac{\sigma^2}{n} \cdot \frac{N-n}{N-1}$$

5.3 Distribuição amostral da proporção

Enquanto os estimadores, como a média amostral, são funções das observações amostrais, a proporção da amostra deriva da ocorrência de sucesso para cada elemento que a compõe. Em muitas situações, a proporção da amostra é mais fácil de ser utilizada e mais confiável, visto que, ao contrário da média, ela não depende da variância da população, que, geralmente, é uma quantidade desconhecida.

A proporção p de sucesso é constante para todos os elementos da amostra quando a população é infinita ou a amostragem é feita com reposição. A distribuição de probabilidade é binomial com parâmetros n e p. Para a distribuição amostral, temos:

$X \sim B(n, p)$, com $E(X) = np$ e $\text{Var}(X) = np(1-p)$

Vejamos o cálculo da esperança e da variância de $\hat{p}$:

$$E(\hat{p}) = E\left(\frac{x}{n}\right) = \frac{1}{n} E(x) = \frac{1}{n} \cdot np = p$$

Logo, $\mu_{\hat{p}} = p$

$$\text{Var}(\hat{p}) = \text{Var}\left(\frac{x}{n}\right) = \frac{1}{n^2} \cdot \text{Var}(x) = \frac{1}{n^2} \cdot np(1-p) = \frac{p(1-p)}{n}$$

$$\sigma_{\hat{p}} = \sqrt{\frac{p(1-p)}{n}}$$

5.4 Teorema central do limite

O teorema central do limite é um dos resultados mais importantes na teoria das probabilidades. Ele demonstra que, sob certas condições, a soma de um grande número de VAs segue uma distribuição aproximadamente normal.

Sejam as VAs $X_1, X_2, \ldots, X_n$ independentes e identicamente distribuídas (i.i.d.), com esperança $E(X) < \infty$ e variância $0 < Var(X) = \sigma^2 < \infty$, e seja $Y = X_1 + X_2 + \ldots + X_n$. Então, a VA

$$Z_n = \frac{Y - E(Y)}{\sqrt{Var(Y)}} = \frac{X_1 + X_2 + \ldots + X_n - n\mu}{\sqrt{n} \cdot \sigma}, \; Z_n \sim N(0,1), \text{ converge para a distribuição}$$

normal padrão quando $n \to \infty$, de modo que

$\lim_{n \to \infty} P(Z_n \leq x) = \Phi(x)$, para todo $x \in \mathbb{R}$, em que $\Phi(x)$ é a distribuição normal padronizada.

5.5 Estimação por intervalo

A estimativa pontual do parâmetro θ não fornece muita informação sobre ele, visto que não se sabe o quão próxima ela está de θ. Como os estimadores são VAs e, em geral, são contínuos, as estimativas dificilmente terão valor igual ao do parâmetro. Portanto, é quase certo que se cometam erros de estimativa, sem que se saiba o quão grandes são esses erros.

Em razão disso, surge a necessidade de se encontrar outra forma de estimação do parâmetro, a fim de se estabelecer um intervalo em torno da estimativa pontual, com uma probabilidade conhecida (nível de confiança) para conter o parâmetro populacional. Por exemplo, consideremos X o tempo de vida de uma lâmpada, em horas. Retirada uma amostra, obteve-se a média de vida de $\bar{x} = 5\,000$ horas. O intervalo determinado para essa amostra foi de [4 900 horas; 5 100 horas], com nível de confiança de 95%. A interpretação é que temos 95% de confiança de que a média populacional μ esteja contida no intervalo acima.

Definimos dois valores para a determinação dos intervalos:

α: Denominado *nível de incerteza* ou *nível de significância*, é a medida de probabilidade do intervalo que não abrange o parâmetro.

1 − α: Denominado *nível de confiança* ou *grau de confiança*, é a medida de probabilidade do intervalo que abrange o parâmetro.

Essas medidas podem ser dadas em porcentagem: α100% e (1 − α)100%.

Consideremos dois estimadores, $\hat{\theta}_1$ e $\hat{\theta}_2$, pertencentes a uma amostra aleatória $X_1, X_2, \ldots, X_n$ retirada de uma população da qual se deseja estimar θ. O intervalo com nível de confiança 1 − α é dado por $P(\hat{\theta}_1 \leq \theta \leq \hat{\theta}_2) = 1 - \alpha$, para todo possível valor de θ.

5.5.1 Intervalo de confiança para a média μ, com $\sigma^2 < \infty$ conhecido

Vamos estabelecer o intervalo de confiança (IC) para a média de uma população com distribuição normal e com variância σ^2 conhecida. Nesse caso, *e* corresponde à semiamplitude do intervalo de confiança. Para determinar o intervalo $\mu \pm e$, com nível de confiança $1 - \alpha$, $\bar{x}$ precisa ser o ponto médio do intervalo. Então, temos:

$$P(\mu - e \leq \bar{x} \leq \mu + e) = 1 - \alpha$$

Também podemos reescrever o cálculo da seguinte forma: $P(\bar{x} - e \leq \mu \leq \bar{x} + e) = 1 - \alpha$. Os limites do intervalo são $\bar{x} - e$ e $\bar{x} + e$. Para determinar o valor de *e*, aplicamos a variável normal padronizada $z = \frac{X-\mu}{\sigma}$. Na distribuição amostral da média, o desvio padrão é dado por $\frac{\sigma}{\sqrt{n}}$, de modo que *x* é o limite do IC. Desse modo, temos que:

$$z_{\frac{\alpha}{2}} = \frac{\mu + e - \mu}{\frac{\sigma}{\sqrt{n}}} \Rightarrow e = z_{\frac{\alpha}{2}} \frac{\sigma}{\sqrt{n}}$$

Logo, temos o IC $\bar{x} \pm z_{\frac{\alpha}{2}} \frac{\sigma}{\sqrt{n}}$.

Portanto, o IC para a média μ, com $1 - \alpha$ de nível de confiança, é dado por:

$$P\left(\bar{x} - z_{\frac{\alpha}{2}} \frac{\sigma}{\sqrt{n}} \leq \mu \leq \bar{x} + z_{\frac{\alpha}{2}} \frac{\sigma}{\sqrt{n}}\right) = 1 - \alpha$$

$$\text{ou } P\left(\theta \in \left[\bar{x} - z_{\frac{\alpha}{2}} \frac{\sigma}{\sqrt{n}}, \bar{x} + z_{\frac{\alpha}{2}} \frac{\sigma}{\sqrt{n}}\right]\right) = 1 - \alpha$$

Exemplo 5.2

Um engenheiro de produção deseja estimar o tempo médio gasto por um trabalhador para a montagem de um produto. Pela experiência no setor de montagem, estabeleceu-se que o desvio padrão é de 3,6 minutos. Dada uma amostra de 120 trabalhadores e o tempo médio gasto observado de 16,2 minutos, determine o intervalo de 95% de confiança para o tempo médio de montagem.

Como n = 120, mediante o uso do teorema central do limite, podemos afirmar que a distribuição é aproximadamente normal e que o intervalo é de $\bar{x} \pm z_{\frac{\alpha}{2}} \frac{\sigma}{\sqrt{n}}$.

Dessa forma, temos o seguinte: $\bar{x} = 16{,}2$, $\sigma = 3{,}6$ minutos, $n = 120$ e, pela tabela de distribuição normal padronizada, $z_{\frac{\alpha}{2}} = 1{,}96$.

O IC é:

$$\bar{x} \pm z_{\frac{\alpha}{2}} \frac{\sigma}{\sqrt{n}} = 16{,}2 \pm 1{,}96 \cdot \frac{3{,}6}{\sqrt{120}} = 16{,}2 \pm 0{,}6441 = [15{,}555;\ 16{,}8441]$$

Figura 5.1 – Resultado obtido na calculadora gráfica HP Prime – Exemplo 5.2

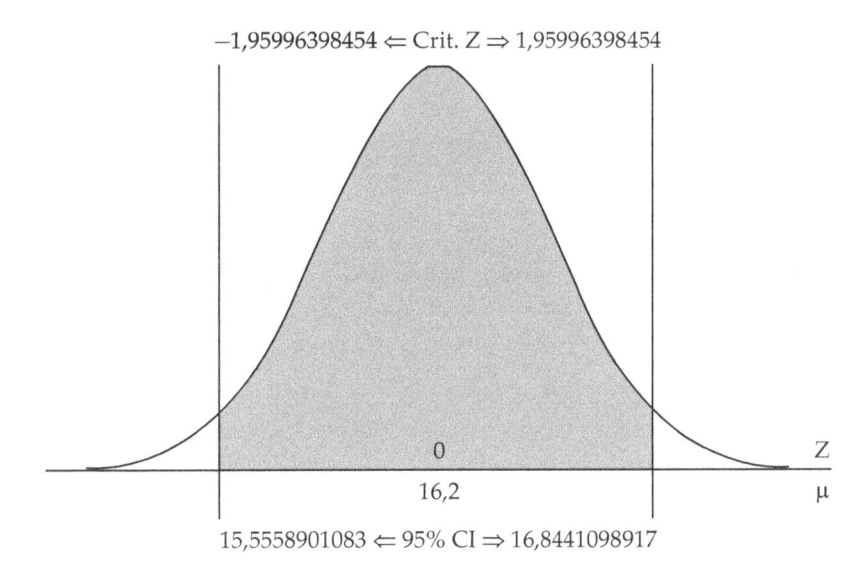

$-1{,}95996398454 \Leftarrow$ Crit. $Z \Rightarrow 1{,}95996398454$

$15{,}5558901083 \Leftarrow 95\%$ CI $\Rightarrow 16{,}8441098917$

É válido ressaltar que sempre haverá alguma diferença nos resultados obtidos em virtude da precisão do instrumento de cálculo (tipo de calculadora ou computador) e do número de casas decimais utilizadas.

Exemplo 5.3

Um torno produz certo tipo de arruela. Foi selecionada uma amostra aleatória de 12 peças, cuja VA corresponde ao diâmetro interno. As medidas observadas, em centímetros, são: 3,03; 3,04; 2,99; 2,98; 3,00; 3,02; 2,98; 2,99; 2,97; 2,97; 3,02; 3,01. Supondo que o diâmetro é uma VA normal e que o desvio padrão populacional é de 2,4 cm, determine um IC de 99% para a média.

Primeiro, devemos determinar a média da amostra $\bar{x} = 3$.

Dessa forma, temos que: $n = 12$; a distribuição é normal; e o desvio padrão da população é $\sigma = 2{,}4$ cm e $z_{\frac{\alpha}{2}} = 2{,}58$. Então, o IC é dado por:

$$\bar{x} \pm z_{\frac{\alpha}{2}} \frac{\sigma}{\sqrt{n}} = 3 \pm 2{,}58 \cdot \frac{2{,}4}{\sqrt{12}} = 3 \pm 1{,}7875 = [1{,}2154;\ 4{,}7845]$$

Figura 5.2 – Resultado obtido na calculadora gráfica HP Prime – Exemplo 5.3

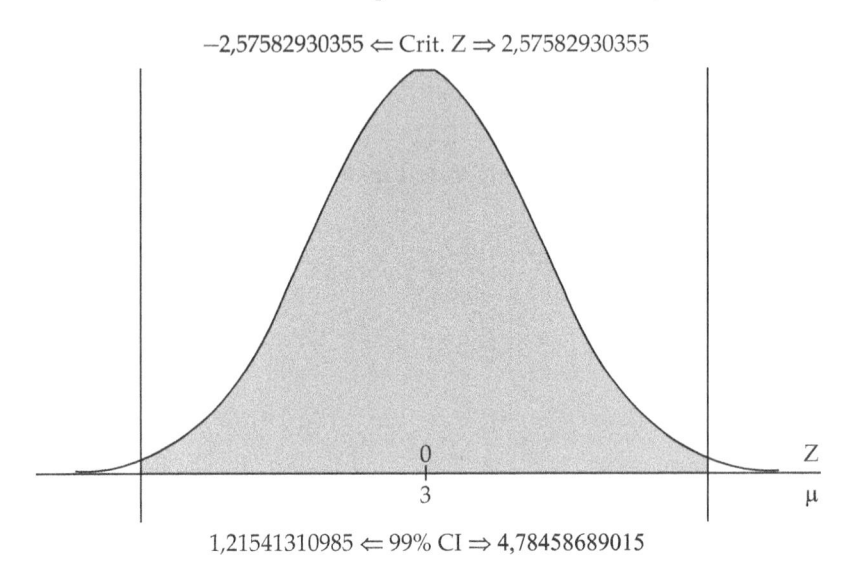

−2,57582930355 ⇐ Crit. Z ⇒ 2,57582930355

1,21541310985 ⇐ 99% CI ⇒ 4,78458689015

5.5.2 Intervalo de confiança para a média de populações normais com $\sigma^2 < \infty$ desconhecida

Consideremos a amostra aleatória $X_1, X_2, \ldots, X_n$, retirada de uma população com distribuição normal, com $\text{Var}(X) < \infty$ desconhecida e tamanho grande ($n \geq 30$). O IC com nível $1 - \alpha$ é dado por:

$$P\left(\bar{x} - z_{\frac{\alpha}{2}} \frac{s}{\sqrt{n}} \leq \mu \leq \bar{x} + z_{\frac{\alpha}{2}} \frac{s}{\sqrt{n}}\right) = 1 - \alpha$$

$$\text{ou } P\left(\theta \in \left[\bar{x} - z_{\frac{\alpha}{2}} \frac{s}{\sqrt{n}},\ \bar{x} + z_{\frac{\alpha}{2}} \frac{s}{\sqrt{n}}\right]\right) = 1 - \alpha$$

Observe que o estimador de σ é s.

Agora, vejamos o IC para pequenas amostras.

Teorema:

Consideremos a amostra aleatória $X_1, X_2, ..., X_n$, i.i.d., de uma população com distribuição normal $N(\mu, \sigma^2)$ e s o estimador de σ. A VA T é definida como $T = \dfrac{\overline{X} - \mu}{\dfrac{s}{\sqrt{n}}}$, de modo que sua distribuição t de Student apresenta $n - 1$ graus de liberdade.

Imaginemos, agora, a amostra aleatória $X_1, X_2, ..., X_n$, retirada de uma população com distribuição normal, $Var(X) < \infty$ desconhecida e tamanho pequeno ($n < 30$). O IC com nível $1 - \alpha$ é dado por:

$$P\left(\overline{x} - t_{\frac{\alpha}{2},\, n-1} \frac{s}{\sqrt{n}} \leq \mu \leq \overline{x} + t_{\frac{\alpha}{2},\, n-1} \frac{s}{\sqrt{n}} \right) = 1 - \alpha$$

Portanto, o IC é dado por:

$$\left[\overline{x} - t_{\frac{\alpha}{2},\, n-1} \frac{s}{\sqrt{n}},\; \overline{x} + t_{\frac{\alpha}{2},\, n-1} \frac{s}{\sqrt{n}} \right], \text{ com nível de confiança } 1 - \alpha.$$

Exemplo 5.4

A Takwood Pisos de Madeira S.A. deseja avaliar a média do comprimento dos tacos por ela produzidos. Recolheu-se uma amostra de 10 tacos, cujas medidas, em centímetros, são: 30,5; 30,3; 30,2; 30,4; 30,1; 30,3; 30,2; 30,0; 30,1; 30,4.

Suponha que as medidas tenham distribuição normal e calcule o IC para a média, com 99% de confiança.

Para realizar esse cálculo, primeiro é necessário determinar a média e o desvio padrão da amostra: $\overline{x} = 30,25$ $s \cong 0,16$.

Além disso, $t_{\frac{\alpha}{2},\, n-1} = t_{\frac{0,01}{2},\, 10-1} = t_{0,005;\, 9} = 3,25$ (tabela t de Student).

Como $n = 10$ (menor que 30), a distribuição é normal e σ não é conhecido. Logo, o IC é dado por:

$$\overline{x} \pm t_{\frac{\alpha}{2},\, n-1} \frac{s}{\sqrt{n}} = 30,25 \pm 3,25 \cdot \frac{0,16}{\sqrt{10}} = 3 \pm 0,164438 = [30,08557;\; 30,41443]$$

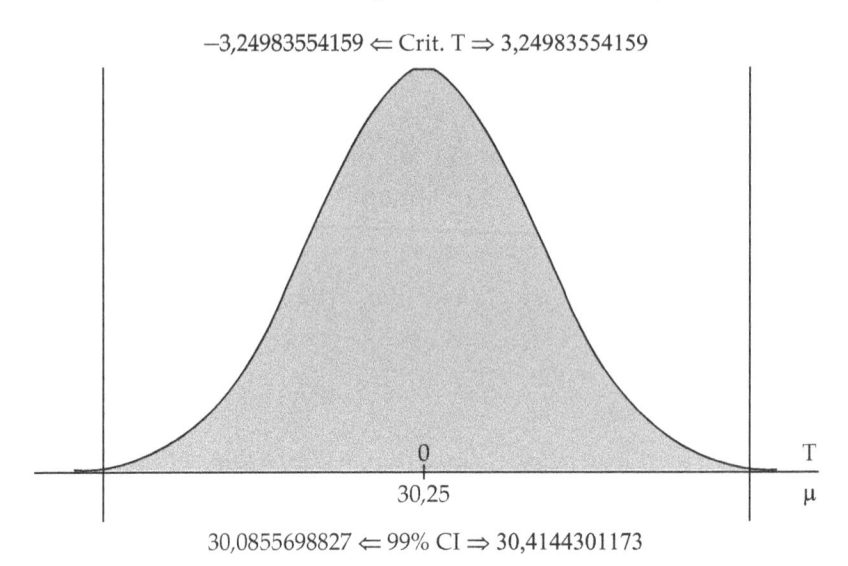

Figura 5.3 – Resultado obtido na calculadora gráfica HP Prime – Exemplo 5.4

$-3{,}24983554159 \Leftarrow$ Crit. T $\Rightarrow 3{,}24983554159$

30,25

$30{,}0855698827 \Leftarrow 99\% \text{ CI} \Rightarrow 30{,}4144301173$

Importante!

Para o cálculo do IC do Exemplo 5.3, utilizamos a distribuição normal padronizada, pois o desvio padrão populacional σ é conhecido. No entanto, se nesse mesmo exemplo utilizássemos o desvio padrão amostral s, precisaríamos fazer uso da distribuição t de Student. Nesse caso, o IC seria [0,875; 5,124]. Verifique!

5.5.3 Intervalo de confiança para a variância da população

Dada a amostra aleatória $X_1, X_2, ..., X_n$, retirada de uma população com distribuição normal $N(\mu, \sigma^2)$, determine o IC para σ^2.

Teorema:

Consideremos a amostra aleatória $X_1, X_2, ..., X_n$, i.i.d., de uma população com distribuição normal $N(\mu, \sigma^2)$ e s o estimador de σ. A VA T é definida como $Y = \frac{(n-1)s^2}{\sigma^2} = \frac{1}{\sigma^2}\sum_{i=1}^{n}(X_i - \bar{X})^2$, de modo que Y tem distribuição χ^2 com n − 1 graus de liberdade, $Y \sim \chi^2(n-1)$.

Consideremos a seguinte probabilidade para dois valores: $\chi^2_{n-1, \frac{\alpha}{2}}$ e $\chi^2_{n-1, 1-\frac{\alpha}{2}}$. Assim:

$$P\left(\chi^2_{n-1,\frac{\alpha}{2}} \leq \chi^2_{n-1} \leq \chi^2_{n-1,1-\frac{\alpha}{2}}\right) = 1 - \alpha$$

Com base no teorema aplicado, temos:

$$P\left(\chi^2_{n-1,\frac{\alpha}{2}} \leq Y \leq \chi^2_{n-1,\frac{\alpha}{2}}\right) = 1 - \alpha$$

$$P\left(\chi^2_{n-1,\frac{\alpha}{2}} \leq \frac{(n-1)s^2}{\sigma^2} \leq \chi^2_{n-1,1-\frac{\alpha}{2}}\right) = 1 - \alpha$$

$$P\left(\frac{(n-1)s^2}{\chi^2_{n-1,\frac{\alpha}{2}}} \leq \sigma^2 \leq \frac{(n-1)s^2}{\chi^2_{n-1,1-\frac{\alpha}{2}}}\right) = 1 - \pm$$

Logo, o IC é dado por:

$$\left[\frac{(n-1)s^2}{\chi^2_{n-1,\frac{\alpha}{2}}}, \frac{(n-1)s^2}{\chi^2_{n-1,1-\frac{\alpha}{2}}}\right], \text{ com nível de confiança de } 1 - \alpha.$$

O IC para o desvio padrão é de:

$$\left[\sqrt{\frac{(n-1)s^2}{\chi^2_{n-1,\frac{\alpha}{2}}}}, \sqrt{\frac{(n-1)s^2}{\chi^2_{n-1,1-\frac{\alpha}{2}}}}\right], \text{ com nível de confiança de } 1 - \alpha.$$

> **Importante!**
> O valor de χ^2_α deve ser obtido em tabela de distribuição χ^2, com $P(\chi^2 > \chi^2_\alpha) = \alpha$.

Exemplo 5.5

Foi coletada uma amostra de 5 caixas de gelatina de certa marca, cujos valores são 30,2 g, 28,9 g, 30,1 g, 30,3 g e 29,7 g. Determine o IC da variância e do desvio padrão, com 95% de confiança.

Primeiro, devemos determinar a média e o desvio padrão da amostra: $\bar{x} = 29{,}84$, $s^2 = 0{,}328$ e $s \cong 0{,}57$: Com base na tabela X^2, podemos constatar que:

$$\chi^2_{n-1,\frac{\alpha}{2}} = \chi^2_{4,\,0{,}025} = 11{,}143 \text{ e } \chi^2_{n-1,\,1-\frac{\alpha}{2}} = \chi^2_{4,\,0{,}975} = 0{,}484$$

O IC para a variância é:

$$\left[\frac{(n-1)s^2}{\chi^2_{n-1,\frac{\alpha}{2}}}, \frac{(n-1)s^2}{\chi^2_{n-1,\,1-\frac{\alpha}{2}}}\right] = \left[\frac{(5-1)\cdot 0{,}328}{\chi^2_{4,\,0{,}975}}, \frac{(5-1)\cdot 0{,}328}{\chi^2_{4,\,0{,}025}}\right] = \left[\frac{1{,}312}{11{,}143}, \frac{1{,}312}{0{,}484}\right]$$
$$= \left[0{,}117742;\ 2{,}7107\right]$$

O IC para o desvio padrão é:

$$\left[\sqrt{0{,}117742};\ \sqrt{2{,}7107}\right] = \left[0{,}3431;\ 1{,}646\right]$$

5.5.4 Intervalo de confiança para a proporção populacional

Para amostras suficientemente grandes, a distribuição binomial aproxima-se da distribuição normal – quando $np \geq 5$ e $n(1-p) \geq 5$. O estimador de p é $\hat{p}$, e $\sqrt{\frac{p(1-p)}{n}}$ é o desvio padrão do estimador $\hat{p}$. Dessa forma, o IC para p é dado por:

$$\hat{p} \pm z_{\frac{\alpha}{2}} \sqrt{\frac{\hat{p}(1-\hat{p})}{n}}$$

ou:

$$P\left(\hat{p} \pm z_{\frac{\alpha}{2}} \sqrt{\frac{\hat{p}(1-\hat{p})}{n}} \leq p \leq \hat{p} + z_{\frac{\alpha}{2}} \sqrt{\frac{\hat{p}(1-\hat{p})}{n}}\right) = 1 - \alpha$$

Exemplo 5.6

Um hospital pretende estimar a verdadeira proporção de pacientes que adquiriram infecção hospitalar. Em uma amostra de 200 pacientes, 20 foram infectados. Determine o IC para a proporção, com 90% de confiança.

Temos que $\hat{p} = \frac{20}{200} = \frac{1}{10} = 0{,}1$ e $z_{\frac{\alpha}{2}} = 1{,}64$.

$$\hat{p} \pm z_{\frac{\alpha}{2}} \sqrt{\frac{\hat{p}(1-\hat{p})}{n}} = 0,1 \pm 1,64 \cdot \sqrt{\frac{0,1(1-0,1)}{200}} = [0,06521;\ 0,134789]$$

Figura 5.4 – Resultado obtido na calculadora gráfica HP Prime – Exemplo 5.6

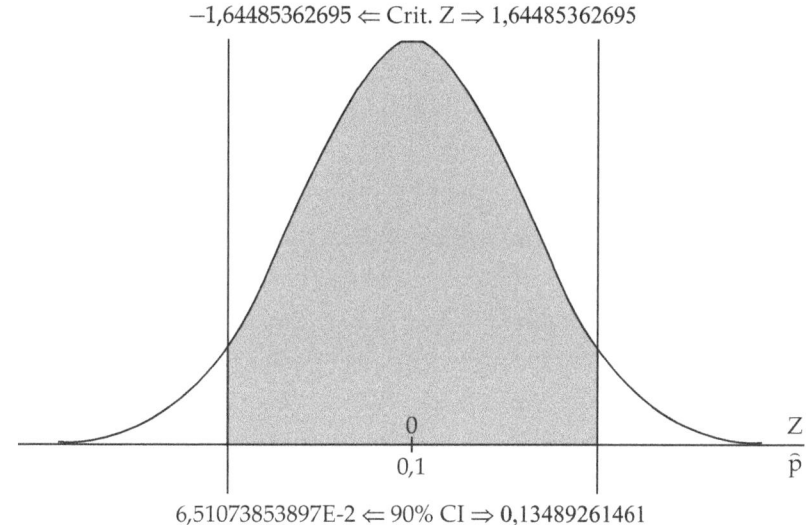

$-1,64485362695 \Leftarrow$ Crit. $Z \Rightarrow 1,64485362695$

$6,51073853897\text{E-}2 \Leftarrow 90\%\ \text{CI} \Rightarrow 0,13489261461$

5.6 Tamanho da amostra

Quando fixamos $\pm$ Cs, parece evidente que, quanto maior o nível de confiança $1 - \alpha$, melhor será a estimativa. Podemos estabelecer intervalos com nível de confiança próximo de 100%, porém isso resultará em intervalos com amplitudes cada vez maiores, com perda de precisão na estimação e aumento considerável do tamanho da amostra. À medida que aumentamos o nível de confiança, aumentamos também a amplitude do IC, isto é, diminuímos a precisão na estimação. Logo, é preciso haver equilíbrio entre um nível de confiança aceitável e a precisão do intervalo para determinarmos o tamanho da amostra.

Demonstraremos a seguir como estabelecer o tamanho da amostra para a estimação da média e da proporção.

Primeiramente, consideremos ICs para a média com variância conhecida. Tendo em vista que e corresponde à semiamplitude, determinaremos os intervalos de modo que $\bar{x} \pm e$. O IC para a média com desvio padrão desconhecido é dado por:

$$\left[\bar{x} - z_{\frac{\alpha}{2}}\frac{\sigma}{\sqrt{n}}, \bar{x} + z_{\frac{\alpha}{2}}\frac{\sigma}{\sqrt{n}}\right]$$

Então, temos que:

$$\bar{x} + e = \bar{x} + z_{\frac{\alpha}{2}}\frac{\sigma}{\sqrt{n}}$$

Logo, a semiamplitude é dada por:

$$e = z_{\frac{\alpha}{2}}\frac{\sigma}{\sqrt{n}}$$

Devemos isolar n, então:

$$\sqrt{n} = z_{\frac{\alpha}{2}}\frac{\sigma}{e} \Rightarrow \left(n = \frac{z_{\frac{\alpha}{2}} \cdot \sigma}{e}\right)^2$$

Quando a variância de uma população com distribuição normal não é conhecida, temos:

$$n = \left(\frac{t_{n-1,\frac{\alpha}{2}} \cdot s}{e}\right)^2$$

Se não há qualquer informação sobre o desvio padrão populacional, é necessário fazer uma estimativa para s. Retiramos uma amostra n_0 e determinamos s e o valor de n. Se $n \geq n_0$, a amostra retirada é suficiente para a estimação. Caso contrário, devemos completar a amostra até que tenhamos $n \geq n_0$, de modo que o tamanho da amostra seja suficiente.

Para a estimação da proporção com determinado nível de confiança e precisão para populações infinitas, temos:

$$n = \left(\frac{z_{\frac{\alpha}{2}}}{e}\right)^2 p(1-p)$$

No entanto, se não conhecemos o valor de p e $\hat{p}$, devemos proceder de forma semelhante à situação anterior. Retiramos uma amostra n_0 para determinar a estimativa de $\hat{p}$ e, se $n \geq n_0$, a amostra retirada é suficiente para a estimação.

Outra forma de determinar o valor de n é analisando a expressão $p(1-p)$, que é uma parábola definida no intervalo $0 \leq p \leq 1$, com ponto máximo em $p = \frac{1}{2}$.

Substituindo $p = \frac{1}{2}$, chegamos ao seguinte cálculo:

$$n = \left(\frac{z_{\frac{\alpha}{2}}}{e}\right)^2 \cdot \left(\frac{1}{2}\right) \cdot \left(1 - \frac{1}{2}\right) = \left(\frac{z_{\frac{\alpha}{2}}}{e}\right)^2 \cdot \frac{1}{4} = \left(\frac{z_{\frac{\alpha}{2}}}{2e}\right)^2$$

Exemplo 5.7

Sabe-se que, na produção de determinada pasta de dentes com 120 g, o desvio padrão é de 3 g. Deseja-se estimar o tamanho da amostra, com 95% de confiança e semiamplitude de 0,4 g. Qual é o valor de n?

$\sigma = 3$ g, $e = 5$ g e $z = 1,96$

$$n = \left(\frac{z_{\frac{\alpha}{2}} \cdot \sigma}{e}\right)^2 = \left(\frac{1,96 \cdot 3}{0,4}\right)^2 = 216,09$$

Logo, o tamanho mínimo da amostra é de 217 produtos.

5.7 Testes de hipóteses

Os testes de hipóteses são classificados como *testes paramétricos*, pois se referem a hipóteses sobre os parâmetros populacionais. Imaginemos o seguinte exemplo: uma fabricante de cabos de aço afirma que a tensão de ruptura dos cabos por ela produzidos é superior a 300 kgf. Um cliente que venha a adquirir esse produto pode confiar que a fabricante dos cabos de aço está correta em sua afirmação, por conhecer a idoneidade de seu fornecedor ou a qualidade do produto. Contudo, esse mesmo cliente, para evitar problemas com suas vendas e ter mais segurança na entrada de produtos em sua empresa, pode verificar se é verdadeira ou não a afirmação de seu fornecedor, com certo nível de confiança, com base nas informações da amostra. Para isso, ele deve retirar uma amostra e testar a hipótese de que realmente a tensão é superior a 300 kgf. Para tanto, haverá duas hipóteses: (1) a de que os cabos suportam tensão acima de 300 kgf e (2) a de que os cabos não a suportam.

Examinaremos a seguir os conceitos básicos para a tomada de decisões com base no uso de testes de hipóteses.

5.7.1 Conceitos básicos

As hipóteses são suposições referentes aos parâmetros de uma população e podem ser verdadeiras ou falsas. O teste é formado por duas hipóteses: nula (H_0) e alternativa (H_1). A **hipótese nula** é aquela que precisa ser testada e que, inicialmente, é considerada verdadeira. A **hipótese alternativa** é a afirmação contrária à hipótese nula e só será aceita se a H_0 for rejeitada. Em síntese, com base nos dados observados (amostra), é preciso aceitar ou rejeitar H_0. As hipóteses nula e alternativa podem ser enunciadas como:

I. $\begin{cases} H_0 : \theta = \theta_0 \\ H_1 : \theta \neq \theta_0 \end{cases}$

II. $\begin{cases} H_0 : \theta = \theta_0 \\ H_1 : \theta > \theta_0 \end{cases}$

III. $\begin{cases} H_0 : \theta = \theta_0 \\ H_1 : \theta < \theta_0 \end{cases}$

A decisão de aceitar ou rejeitar deve estar fundamentada em uma estatística de teste $T = T(X_1, X_2, \ldots, X_n)$. Para isso, são definidas duas regiões: a região de aceitação (RA) e a região de rejeição (RR) da hipótese nula. A **região de aceitação (RA)** do conjunto $A \subset \mathbb{R}$ é definida como o conjunto dos possíveis valores de T pelos quais se aceita H_0. A **região de rejeição (RR)** corresponde ao conjunto $B = \mathbb{R} - A$. Essas condições geram a seguinte regra de decisão:

- Rejeita-se H_0 (aceita-se H_1) se $T \in B$.
- Aceita-se H_0 (rejeita-se H_1) se $T \in A$.

Dois tipos de erros podem ocorrer nesse caso: (I) quando se rejeita H_0 e ela é verdadeira e (II) quando se aceita H_0 e ela é falsa. A probabilidade de se cometer o erro tipo I é menor ou igual a α, isto é: P(rejeitar H_0 / H_0 é verdadeira) = P(erro tipo I) $\leq \alpha$. Nesse caso, o teste tem nível de significância α. Já a probabilidade de se cometer o erro tipo II é β, isto é $\beta =$ P(aceitar H_0 / H_0 é falsa).

Quadro 5.1 – Decisão para o teste de hipóteses

Decisão	H_0 é verdadeira	H_0 é falsa
Rejeita-se H_0	Erro tipo I (α)	Decisão correta ($1 - \beta$)
Aceita-se H_0	Decisão correta ($1 - \alpha$)	Erro tipo II (β)

Vejamos algumas características importantes referentes aos erros tipos I e II.

O aumento do erro tipo I reduz a ocorrência do tipo II e vice-versa, pois eles estão correlacionados. O erro tipo I pode ser controlado quando se determina o valor de α, como α = 5%. À medida que se aumenta o tamanho da amostra, reduzem-se simultaneamente os valores de α e β.

5.7.2 Curva característica de operação

Trata-se da representação gráfica da probabilidade do erro tipo II (β). Ela pode ser dispensável para o teste, pois sua determinação não é comum, ainda que seja útil para a compreensão do teste.

> **Algoritmo de teste**
>
> Os passos para o teste de hipóteses são os seguintes:
>
> 1. determinar as hipóteses nula (H_0) e alternativa (H_1);
> 2. determinar o estimador adequado;
> 3. fixar o nível de significância α e determinar a RR da hipótese nula (H_0);
> 4. extrair a amostra e calcular a estatística;
> 5. decidir: se o valor da estatística pertence à RA, aceita-se H_0. Caso contrário, rejeita-se H_0.

5.7.3 Teste para a média populacional

Primeiro, vamos interpretar os testes bilaterais. Para isso, consideremos a amostra aleatória $X_1, X_2, ..., X_n$ retirada de uma população com média μ. As hipóteses são:

$$\begin{cases} H_0 : \mu = \mu_0 \\ H_1 : \mu \neq \mu_0 \end{cases}$$

Confira a seguir o Quadro 5.2, que pode ser utilizado para a realização do teste bilateral da média populacional.

Quadro 5.2 – Estatística de testes

	Estatística de teste	Região de aceitação de H_0
$X_i \sim N(\mu, \sigma^2)$, σ conhecido	$Z_c = \dfrac{\bar{X} - \mu_0}{\dfrac{\sigma}{\sqrt{n}}}$	$\lvert Z_c \rvert \leq z_{\frac{\alpha}{2}}$

	Estatística de teste	Região de aceitação de H₀
Amostra grande e X_i não é normal	$Z_c = \dfrac{\bar{X} - \mu_0}{\dfrac{s}{\sqrt{n}}}$	$\|Z_c\| \leq z_{\frac{\alpha}{2}}$
$X_i \sim N(\mu, \sigma^2)$, σ desconhecido	$t_c = \dfrac{\bar{X} - \mu_0}{\dfrac{s}{\sqrt{n}}}$	$\|t_c\| \leq t_{n-1, \frac{\alpha}{2}}$

É válido lembrar que, para amostras sem reposição de populações finitas, de tamanho N conhecido, o erro padrão para a média é de:

$$\sigma_{\bar{x}} = \sqrt{Var(\bar{X})} = \sqrt{\sigma_{\bar{x}}^2} = \frac{\sigma}{\sqrt{n}} \cdot \sqrt{\frac{N-n}{N-1}}$$

Exemplo 5.8

Um fazendeiro quer avaliar a produtividade leiteira de uma raça zebuína. Para isso, retirou uma amostra de 45 vacas de um rebanho de 180 vacas e obteve a média de 16 L/dia. Acredita-se que a produção média diária de leite seja de 15 L, tendo em vista que a produtividade dessa raça tem uma variabilidade (desvio padrão) de 5 L. Teste a hipótese para a produção média de leite, com 95% de confiança.

1. Determine as hipóteses nula (H₀) e alternativa (H₁).

$$\begin{cases} H_0 : \mu = 15 \\ H_1 : \mu \neq 15 \end{cases}$$

2. Determine o estimador adequado.

   Mediante o teorema central do limite, utilizaremos z para definir a população finita, visto que a amostra é maior que 30.

3. Fixe o nível de significância α e determine a RR da hipótese nula (H₀).

   $z = \pm 1,96$

4. Extraia a amostra e calcule a estatística.

   $n = 45$, $N = 180$, $\bar{x} = 16$ e $\sigma = 5$

$$Z_c = \frac{\bar{X} - \mu_0}{\dfrac{\sigma}{\sqrt{n}} \cdot \sqrt{\dfrac{N-n}{N-1}}} = \frac{16 - 15}{\dfrac{5}{\sqrt{45}} \cdot \sqrt{\dfrac{180-45}{180-1}}} = 1,545$$

5. Tomada de decisão: como $z > z_c$, aceita-se H₀.

Exemplo 5.9

Um fazendeiro quer avaliar a produtividade leiteira de uma raça zebuína. Ele retirou uma amostra de 10 vacas de uma população com distribuição normal e obteve a média de 16 L/dia. Acredita-se que a produção média diária de leite seja de 15 L. Sabe-se que essa raça tem uma variabilidade (desvio padrão) de produtividade de 5 L. Teste a hipótese para a produção média de leite, com 95% de confiança.

1. Determine as hipóteses nula (H_0) e alternativa (H_1).

$$\begin{cases} H_0 : \mu = 15 \\ H_1 : \mu \neq 15 \end{cases}$$

2. Determine o estimador adequado.

   Para isso, utilizaremos z, visto que, embora n < 30, a distribuição é normal e σ é conhecido.

3. Fixe o nível de significância e determine a RR da hipótese nula (H_0).

   $z = \pm 1{,}96$

4. Extraia a amostra e calcule a estatística.

   $n = 10$, $\bar{x} = 16$ e $\sigma = 5$

   $$Z_c = \frac{\bar{X} - \mu_0}{\frac{\sigma}{\sqrt{n}}} = \frac{16 - 15}{\frac{5}{\sqrt{10}}} = 0{,}6325$$

5. Tomada de decisão: como $z > z_c$, aceita-se H_0.

Figura 5.5 – Resultado obtido na calculadora gráfica HP Prime – Exemplo 5.9

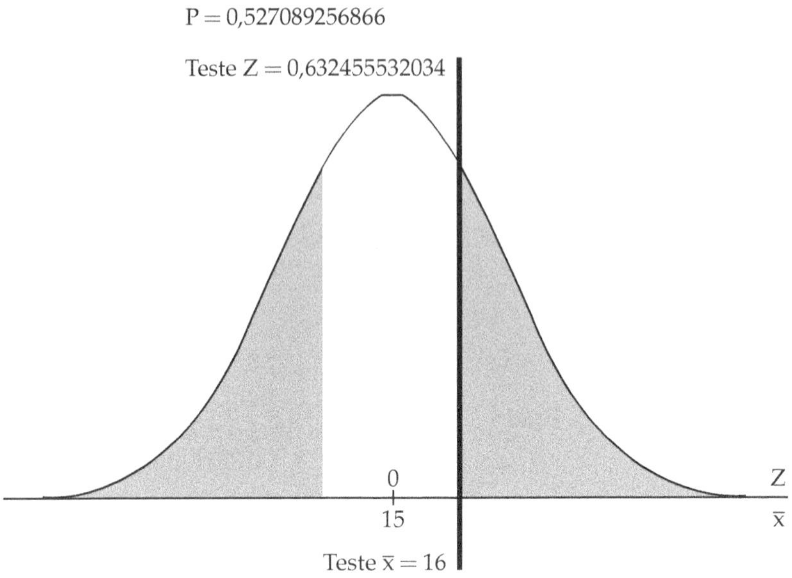

$P = 0{,}527089256866$

Teste $Z = 0{,}632455532034$

Teste $\bar{x} = 16$

Exemplo 5.10

Um fazendeiro quer avaliar a produtividade leiteira de uma raça zebuína. Ele retirou uma amostra de 10 vacas de uma população com distribuição normal e obteve a média de 16 L/dia, com desvio padrão de 5 L/dia. Acredita-se que a produção média diária de leite seja de 15 L. Teste a hipótese para a produção média de leite, com 95% de confiança.

1. Determine as hipóteses nula (H_0) e alternativa (H_1).

$$\begin{cases} H_0 : \mu = 15 \\ H_1 : \mu \neq 15 \end{cases}$$

2. Determine o estimador adequado.

    Nesse caso, utilizaremos t porque, embora $n < 30$ e a distribuição seja normal, σ é desconhecido.

3. Fixe o nível de significância e determine a RR da hipótese nula (H_0).

$$t_{n-1,\frac{\alpha}{2}} = t_{9{,}0 \cdot 0{,}25} = \pm 2{,}26$$

4. Extraia a amostra e calcule a estatística.

    $n = 10$, $\bar{x} = 16$ e $s = 5$

$$t_c = \frac{\bar{X} - \mu_0}{\frac{s}{\sqrt{n}}} = \frac{16 - 15}{\frac{5}{\sqrt{10}}} = 0{,}6325$$

5. Tomada de decisão: como t > t$_c$, aceita-se H$_0$.

Figura 5.6 – Resultado obtido na calculadora gráfica HP Prime – Exemplo 5.10

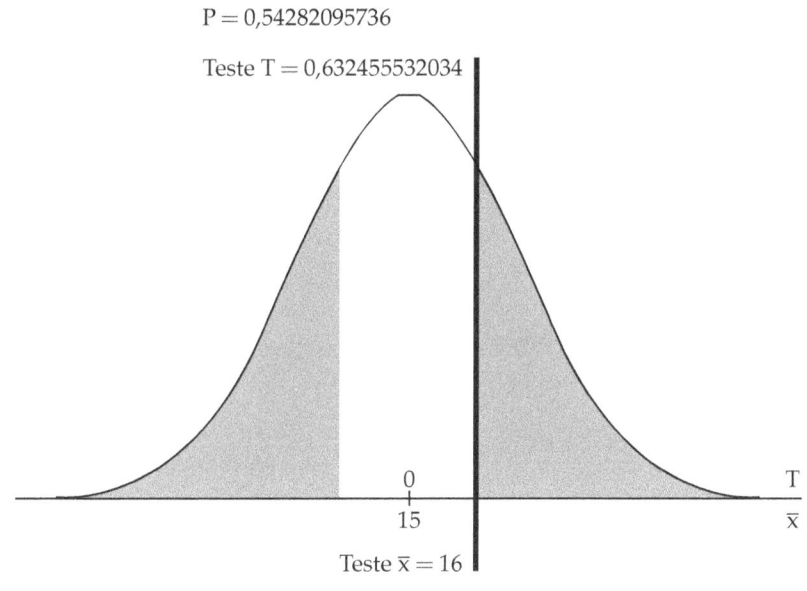

P = 0,54282095736

Teste T = 0,632455532034

0
15

T
$\bar{x}$

Teste $\bar{x}$ = 16

O teste de hipótese unilateral para a média com hipóteses $\begin{cases} H_0 : \mu = \mu_0 \\ H_1 : \mu > \mu_0 \end{cases}$ e $\begin{cases} H_0 : \mu = \mu_0 \\ H_1 : \mu < \mu_0 \end{cases}$ pode ser conferido no Quadro 5.3.

Quadro 5.3 – Teste de hipótese unilateral

	Estatística de teste	Região de aceitação de H$_0$ H$_1$: μ > μ$_0$	Região de aceitação de H$_0$ H$_1$: μ < μ$_0$
X$_i$ ~ N(μ, σ²), σ conhecido	$Z_c = \dfrac{\bar{X} - \mu_0}{\dfrac{\sigma}{\sqrt{n}}}$	$Z_c \leq z_\alpha$	$Z_c \geq -z_\alpha$
Amostra grande e X$_i$ não normal	$Z_c = \dfrac{\bar{X} - \mu_0}{\dfrac{s}{\sqrt{n}}}$	$Z_c \leq z_\alpha$	$Z_c \geq -z_\alpha$
X$_i$ ~ N(μ, σ²), σ desconhecido	$t_c = \dfrac{\bar{X} - \mu_0}{\dfrac{s}{\sqrt{n}}}$	$T_c \leq t_{n-1,\,\alpha}$	$T_c \geq -t_{n-1,\,\alpha}$

Exemplo 5.11

Um fabricante de eletrodomésticos afirma que a duração média dos liquidificadores que produz é de 1 500 horas. Um cliente desconfia que a média de duração seja inferior à declarada pelo fabricante. Para verificar a afirmação, foi selecionada uma amostra aleatória de 11 liquidificadores de uma população com distribuição normal, que acusou a média de 1 470 horas, com desvio padrão de 12 horas. Realize o teste de hipótese para a média, com $\alpha = 1\%$ de significância.

1. Determine as hipóteses nula (H_0) e alternativa (H_1).

$$\begin{cases} H_0 : \mu = 1\,500 \\ H_1 : \mu < 1\,500 \end{cases}$$

2. Determine o estimador adequado.

    Nesse caso, utilizaremos t porque, embora n < 30, a distribuição é normal e σ é desconhecido.

3. Fixe o nível de significância α e determine a RR da hipótese nula (H_0).

    $t_{n-1, \alpha} = t_{10, 0.01} = -2{,}76$

4. Extraia a amostra e calcule a estatística.

    n = 11, $\bar{x} = 1470$ e s = 12

    $$t_c = \frac{\bar{X} - \mu_0}{\frac{s}{\sqrt{n}}} = \frac{1\,470 - 1\,500}{\frac{12}{\sqrt{11}}} = -8{,}2915$$

5. Tomada de decisão: como $t < t_c$, rejeita-se H_0.

Figura 5.7 – Resultado obtido na calculadora gráfica HP Prime – Exemplo 5.11

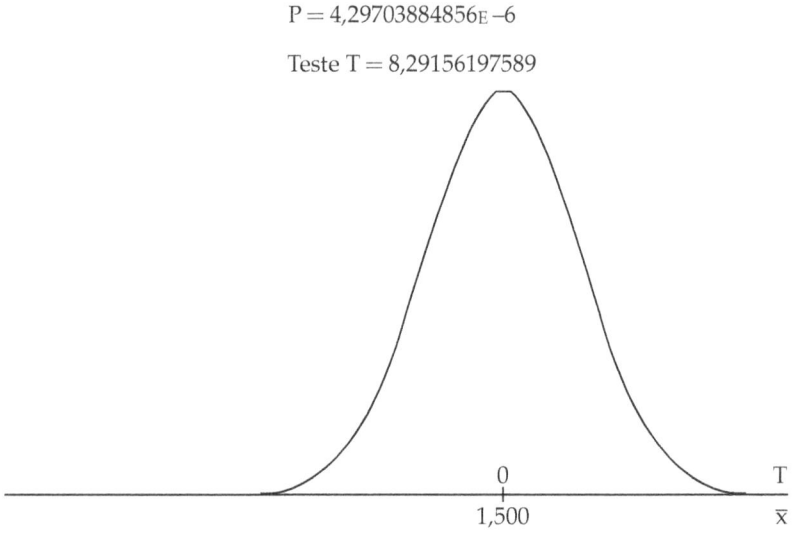

P = 4,29703884856ᴇ –6

Teste T = 8,29156197589

Teste $\bar{x}$ = 1,470

Exemplo 5.12

A agência de saúde de um estado deseja avaliar a quantidade de cafeína em determinada marca de bebida energética. Uma amostra de 18 bebidas, retirada de uma população com distribuição normal, é testada. A média observada é de 83 mg, e o limite estabelecido pela agência de saúde é de 80 mg.

I. A agência desconfia que o produto tenha média superior a 80 mg. Calcule o intervalo, com 95% de nível de confiança, para a quantidade média de cafeína, considerando que o desvio padrão informado pelo fabricante seja de 4 mg.

1. Determine as hipóteses nula (H_0) e alternativa (H_1).

$$\begin{cases} H_0 : \mu = 80 \\ H_1 : \mu > 80 \end{cases}$$

2. Determine o estimador adequado.

n = 18, $\bar{x} = 83$ e $\sigma = 4$

Nesse caso, utilizaremos z porque, embora n < 30, a distribuição é normal e σ é conhecido.

3. Fixe o nível de significância α e determine a RR da hipótese nula (H_0).

z = 1,64

4. Extraia a amostra e calcule a estatística.

$$Z_c = \frac{\bar{X} - \mu_0}{\frac{\sigma}{\sqrt{n}}} = \frac{83 - 80}{\frac{4}{\sqrt{18}}} = 3,18$$

5. Tomada de decisão: como z > z_c, rejeita-se H_0.

Figura 5.8 – Resultado obtido na calculadora gráfica HP Prime – Exemplo 5.12 (I)

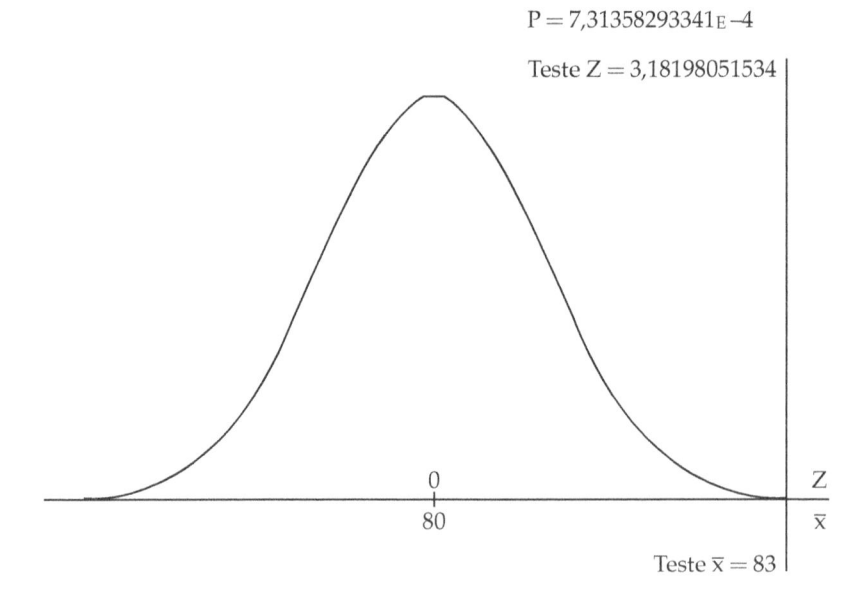

$P = 7{,}31358293341_E -4$

Teste $Z = 3{,}18198051534$

Teste $\bar{x} = 83$

II. Suponha que o desvio padrão da população não seja conhecido e que a variância amostral seja de 4 mg². Também considere que a agência desconfia que a média seja superior a 80 mg. Calcule um intervalo com nível de confiança de 90%.

1. Determine as hipóteses nula (H₀) e alternativa (H₁).

$$\begin{cases} H_0 : \mu = 80 \\ H_1 : \mu > 80 \end{cases}$$

2. Determine o estimador adequado.

$n = 18$, $\bar{x} = 83$ e $s = \sqrt{4} = 2$

Nesse caso, utilizaremos t porque, embora $n < 30$, a distribuição é normal e σ é desconhecido.

3. Fixe o nível de significância e determine a RR da hipótese nula (H₀).

$t_{n-1,\,\alpha} = t_{17,\,0.1} = 1{,}414$

4. Extraia a amostra e calcule a estatística.

$$t_c = \frac{\bar{X} - \mu_0}{\dfrac{s}{\sqrt{n}}} = \frac{83 - 80}{\dfrac{2}{\sqrt{18}}} = 6{,}36396$$

5. Tomada de decisão: como $t < t_c$, rejeita-se H₀.

Figura 5.9 – Resultado obtido na calculadora gráfica HP Prime – Exemplo 5.12 (II)

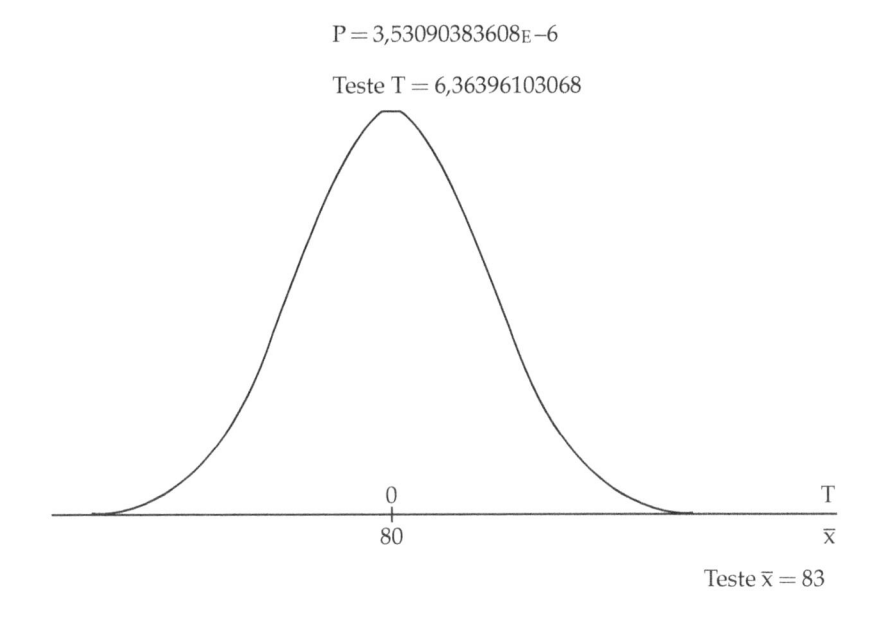

$$P = 3{,}53090383608_E-6$$

Teste T = 6,36396103068

```
        0                    T
        |                    |
        80                   x̄
```

Teste x̄ = 83

5.7.5 Teste para a proporção

A fim de testar a hipótese para o parâmetro p da população, de forma semelhante ao observado nos outros testes, é preciso retirar uma amostra para avaliar se o estimador $\hat{p}$ representa ou não a verdadeira proporção de toda a população. As hipóteses são:

$$\begin{cases} H_0 : p = p_0 \\ H_1 : p \neq p_0 \text{ ou } p < p_0 \text{ ou } p > p_0 \end{cases}$$

As etapas para realizar um teste de proporção usando-se o valor crítico são as seguintes:

1. indicar as hipóteses nula (H_0) e alternativa (H_1);

2. calcular a estatística de teste $z_c = \dfrac{\hat{p} - p_0}{\sqrt{\dfrac{p_0(1 - p_0)}{n}}}$, em que p_0 é a proporção de hipótese nula (H_0), isto é, $H_0 : p = p_0$;

3. determinar a região crítica;

4. determinar se a estatística de teste cai na região crítica (RR). Em caso afirmativo, deve-se rejeitar H_0; caso contrário, deve-se aceitar H_0.

Exemplo 5.13

Uma granja produz pintos para serem enviados a outras granjas para engorda. Uma amostra aleatória detectou que 13 173 aves nasceram machos entre 25 468 nascimentos. Verifique se essa amostra é prova de que o nascimento de machos é mais comum que o nascimento de fêmeas em toda a população. Utilize o nível de significância de $\alpha = 0{,}05$.

1. Indique as hipóteses nula (H_0) e alternativa (H_1).

   $p_0 = 0{,}5$, pois supomos que a probabilidade de nascimento é de 50% para machos e 50% para fêmeas.

   $$\begin{cases} H_0 : \mu = 0{,}5 \\ H_1 : \mu > 0{,}5 \end{cases}$$

2. Calcule a estatística de teste.

   $$z_c = \frac{\frac{13\,173}{25\,468} - 0{,}5}{\sqrt{\frac{0{,}5\,(1-0{,}5)}{15\,468}}} = 5{,}5$$

3. Determine a região crítica.

   Na tabela normal padronizada, identificamos que $z = 1{,}64$, para $\alpha = 0{,}05$.

4. Tomada de decisão: como $z < Z_c$, rejeita-se H_0.

$P = 1{,}88070729806_E -8$

Teste $Z = 5{,}50170240797$

Teste $\hat{p} = 0{,}517237317418$

> **Síntese**
>
> Neste capítulo, demonstramos que a estatística inferencial fornece técnicas que possibilitam utilizar as informações de uma amostra para obter conclusões sobre determinada população. Isso ocorre quando é feita a inferência sobre os parâmetros de uma população utilizando-se as estatísticas de uma amostra. Por meio dos intervalos de confiança (ICs) e dos testes de hipóteses, é feita a tomada de decisão sobre os parâmetros populacionais, estabelecendo-se um intervalo em torno da estimativa pontual (ou hipóteses), com uma probabilidade conhecida (nível de confiança), que contém o parâmetro populacional.
>
> Conforme elucidamos, a análise adequada dos dados é fundamental para interpretar os resultados da pesquisa e, assim, obter conclusões apropriadas.

Atividades de autoavaliação

1) O peso das bolas de aço (componentes de rolamentos) produzidas por determinada empresa é uma variável aleatória (VA) que apresenta, supostamente, distribuição normal, com desvio padrão $\sigma = 1,9$. Pretende-se avaliar a variabilidade do peso das bolas de aço. Para isso, foi recolhida uma amostra de 12 bolas, cujos valores, em gramas, foram: 87, 91, 88, 90, 92, 89, 91, 93, 92, 88, 89, 90.

   a. Determine um intervalo de confiança (IC) para a média do peso, com grau de confiança de 99%.

   b. Suponha que o desvio padrão não seja conhecido. Calcule um IC para a média, com grau de confiança de 99%.

   c. Fixe um IC para a variância e o desvio padrão do peso, com grau de confiança de 99%.

   d. Determine o tamanho da amostra para um intervalo com amplitude de 2 g e 99% de confiança.

   e. Se não fosse conhecido, qual seria o tamanho da amostra para um intervalo com amplitude de 2 g e 99% de confiança?

2) O dono de um restaurante quer estimar o gasto médio diário por refeição. Para isso, foi coletada uma amostra aleatória de 80 clientes, a qual forneceu a média de custo de R$ 8,52 por refeição, com desvio padrão de R$ 0,50. Determine o IC para a média, com 90% de confiança.

3) Um fazendeiro utiliza, em seu rebanho, uma vacina para febre aftosa com eficiência de 80%, conforme especificações do fabricante. No entanto, depois de usar esse produto, o fazendeiro passou a desconfiar que a vacina não é tão eficiente assim. Para confirmar sua suspeita, foram escolhidos 200 animais vacinados, dos quais 120 ficaram doentes.

a. Faça o teste de hipóteses, com α = 5%.
b. Interprete o erro de tipo I.
c. Você diria que o fazendeiro tem razão?
d. Qual seria sua decisão se o nível de significância fosse de 80%?

4) A quantia média gasta por clientes de uma concessionária de veículos na primeira revisão de um dos modelos vendidos na loja é de R$ 550,00. Contudo, recentemente, o gerente percebeu um aumento no gasto de seus clientes com a primeira revisão desses modelos. Para verificar a suspeita do gerente, foi retirada uma amostra aleatória de 20 despesas de uma população com distribuição normal, da qual se obteve a média de R$ 600,00, com desvio padrão de R$ 30,00. Verifique se realmente ocorreu aumento no custo médio das revisões, com 95% de confiança.

5) Um jornal eletrônico estimou que, em média, um internauta gasta 15,6 minutos por dia com a leitura de seu jornal. Porém, acredita-se que os internautas com funções executivas gastem mais do que o tempo médio entre todas as pessoas que acessam o jornal. Uma amostra de 25 pessoas com essas atribuições foi selecionada para a pesquisa, fornecendo uma média de 17 minutos de leitura, com desvio padrão de 2 minutos. Supondo que há distribuição normal de probabilidade, é possível rejeitar a hipótese de que o tempo gasto é superior a 15,6 minutos para pessoas com cargo executivo, com 99% de confiança? Qual é o erro de tipo I? Quais são as consequências de se cometer esse erro?

6) Uma linha de produção de polvilho antisséptico opera com um peso médio de enchimento de 100 g por recipiente. Se houver excesso de peso ou subenchimento, a produção terá de ser interrompida para que os problemas na linha de produção sejam verificados e corrigidos, pois o produto não pode ter menos de 98 g nem mais de 102 g. Uma amostra aleatória de 30 produtos foi retirada para inferência.
a. Se a amostra apresentar desvio padrão de 1,5 g, qual será o IC para o desvio padrão com 95% de confiança?
b. Os dados históricos indicam a variabilidade de σ = 1,5 g. Se a média da amostra fosse igual a 101 g, você recomendaria a paralisação da linha de produção?
c. Se a amostra fosse retirada de uma população de 25 produtos com distribuição normal, média igual a 103 g e desvio padrão de 1,5 g, você recomendaria a paralisação da linha de produção?

7) Um fabricante de pêssegos em calda informa no rótulo das embalagens que o conteúdo líquido das latas é, em média, de 150 g, com desvio padrão de 30 g. O Instituto de Pesos e Medidas tomou uma amostra aleatória de 55 latas, verificando uma média de 200 g. Tendo em vista um nível de significância de 0,05, verifique se o fabricante deverá ser multado ou não pela informação contida no rótulo.

8) Uma linha de montagem de brinquedos costumava operar a um tempo médio de 2,5 minutos por brinquedo. A empresa, contudo, implementou um novo processo na linha de montagem. Uma amostra aleatória de 45 brinquedos foi retirada para verificar se houve ou não diminuição do tempo médio de montagem. A amostra acusou o tempo médio de 2,39 minutos, com um desvio padrão de 0,20 minuto. Tendo em vista um nível de significância de 0,05, verifique se o novo processo de produção tem tempo médio inferior ao anterior.

9) Considere que, em certa agência bancária, o valor de aplicações em fundos de renda fixa tenha média de R$ 5.000,00. A variabilidade das aplicações (desvio padrão) é de R$ 500,00. Em virtude da atual crise nacional, acredita-se que houve uma redução dessa média. Para testar essa situação, tomou-se uma amostra aleatória de 80 clientes, mediante a qual se obteve uma média de R$ 4.900,00. Usando $\alpha = 5\%$, pode-se concluir que houve alteração na média das aplicações?

10) A indústria Intcomp S.A. fabrica placas eletrônicas. A empresa desenvolveu um novo componente para substituir o antigo na placa com o objetivo de melhorar sua eficiência. O setor de qualidade deve testar se essa substituição diminui o tempo de vida da placa, que tem média de 4 000 horas. Para verificar essa suposição, retirou-se uma amostra de 12 componentes, cujas medidas são: 4 002, 3 998, 4 005, 4 006, 3 997, 3 009, 4 006, 4 001, 4 004, 3 996, 4 003, 4 006. Fixando o nível de significância em 0,05 e sabendo que o tempo de duração é normalmente distribuído, verifique se a suspeita é válida.

11) O setor de mercado de uma grande empresa afirma que 80% de seus clientes (estimados em 1 milhão) estão muito satisfeitos com o serviço que recebem. Para testar essa afirmação, foi realizada uma pesquisa com 100 clientes mediante amostragem aleatória simples. Entre os clientes incluídos na amostra, 73 estão muito satisfeitos com os serviços efetuados pela empresa. Com base nessas descobertas, podemos rejeitar a hipótese de que 80% dos clientes estão muito satisfeitos? Use um nível de significância de 0,05.

12) Tendo em vista o caso anterior, suponha que o setor de mercado afirme que pelo menos 80% dos clientes da empresa estão muito satisfeitos. Devemos aceitar ou rejeitar essa hipótese? Use um nível de significância de 0,05.

Atividades de aprendizagem

Questões para reflexão

1) Certa indústria farmacêutica afirma que um novo medicamento tem eficiência acima de 90% na cura de determinada doença. Examinada uma amostra aleatória de 400 pessoas que sofriam dessa doença, verificou-se que 359 ficaram curadas com o novo medicamento. Qual é a conclusão considerando-se 5% de significância?

2) O tempo médio para lavar um veículo (ducha simples) costuma ser de 15 minutos. Entretanto, uma nova técnica foi introduzida para diminuir esse tempo. Para testar essa hipótese, foi tomada uma amostra de 16 veículos para que fosse medido o tempo de lavagem com a nova técnica. O tempo médio da amostra foi de 13 minutos e o desvio padrão foi de 2 minutos. Esses resultados trazem evidências estatísticas de que essa nova técnica é mais eficiente, com 5% de significância? Suponha que a distribuição da população seja normal.

Atividade aplicada: prática

1) Uma indústria farmacêutica produz um analgésico cuja especificação é de 6 mg de ácido acetilsalicílico para cada comprimido. Por problemas na linha de produção, acredita-se que essa especificação não foi atendida. Caso a informação seja confirmada, o lote deve ser descartado. Para verificar se a especificação não foi atendida, a indústria selecionou uma amostra aleatória de 100 comprimidos desse lote, a qual acusou quantidade média de ácido acetilsalicílico igual a 5,8 mg e um desvio padrão de 0,6 mg. Os problemas de testes de hipóteses podem ser resolvidos por intervalo de confiança (IC). Verifique se é válida a suspeita da empresa, utilizando ICs de $\alpha = 10\%$.

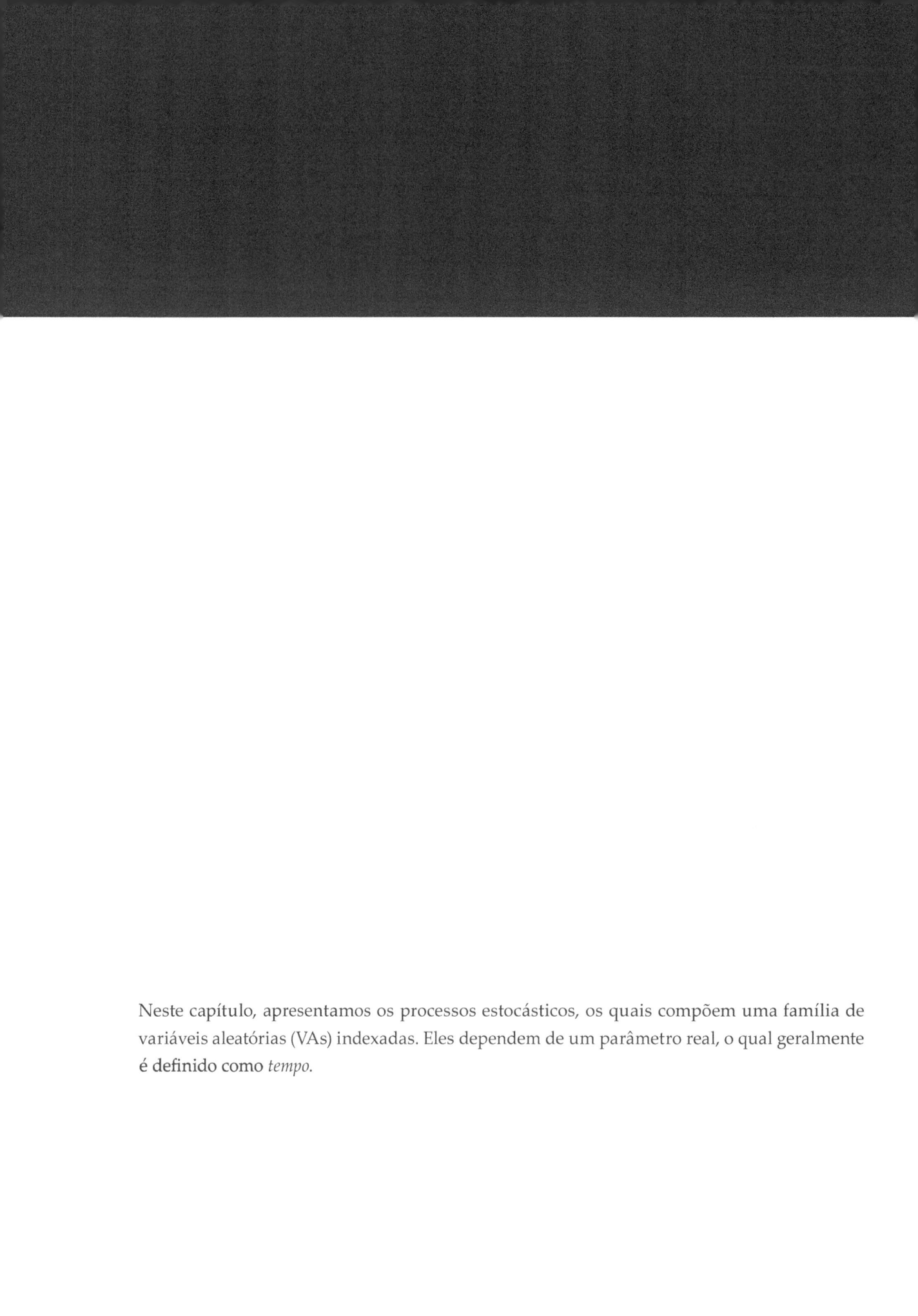

Neste capítulo, apresentamos os processos estocásticos, os quais compõem uma família de variáveis aleatórias (VAs) indexadas. Eles dependem de um parâmetro real, o qual geralmente é definido como *tempo*.

6
Processos estocásticos

6.1 Conceitos iniciais

Os processos estocásticos descrevem um fenômeno aleatório no tempo *t* mediante a função de distribuição e as relações de dependência entre as variáveis. Eles são amplamente utilizados como modelos matemáticos de sistemas e fenômenos que, aparentemente, variam de forma aleatória. Podem ser aplicados em muitas áreas, como biologia, química, ecologia, neurociência, física, tecnologia, engenharias, ciência da computação, processamento de imagem, processamento de sinal, teoria da informação, criptografia, telecomunicações e mercado financeiro.

Podemos citar como exemplo o processo que registra semanalmente o número de acidentes que ocorrem em um cruzamento, o qual pode ser representado pelo conjunto $\{Y_t : t \geq 0\}$, que tem 0, 1, 2, 3, ... como valores possíveis (espaço de estados) para Y_t. Outro exemplo é o processo $\{X_n : n = 0, 1, 2, 3, ...\}$, aplicado no controle de qualidade de uma indústria para definir se um produto é aceitável ou defeituoso, com espaço de estados {0, 1}, em que *n* representa o número de componentes produzidos.

Em síntese, um processo estocástico é uma família de VAs $\{X(t) : t \in T\}$ ou $\{X_t : t \in T\}$, definida no espaço de probabilidades $(\Omega, \mathcal{A}, P)$ e indexada por um parâmetro *t*. Nesse caso, *t* corresponde a algum índice do conjunto ordenado T, que, por sua vez, é denominado **espaço de parâmetros**. Geralmente, o espaço de parâmetros T representa o tempo.

Se T é um conjunto finito ou infinito e enumerável, então $\{X(t) : t \in T\}$ é um **processo de tempo discreto**. Geralmente, T = {0, 1, 2, 3, ...}.

Exemplo 6.1

Se desejamos registrar a temperatura na cidade de Curitiba uma vez ao dia (por exemplo, às 9 horas da manhã), podemos definir o processo como:

- $X_1 = T(9)$: temperatura do primeiro dia, às 9 horas
- $X_2 = T(33)$: temperatura do segundo dia, 24 horas após a primeira observação
- $X_3 = T(57)$: temperatura do segundo dia, 24 horas após a segunda observação

X_t é um processo aleatório de tempo discreto, de modo que $X_t = T(k_t)$, em que $k = 24(n-1) + 9$. Se o conjunto T é infinito ou não enumerável, então $\{X(t) : t \in T\}$ é um **processo de tempo contínuo**. Geralmente, $T = [0, \infty\}$.

Exemplo 6.2

A sequência $\{X_t : t \geq 0\}$, em que o espaço de estados para X_t é $\{0, 1, 2, ...\}$, representa o número de carros estacionados no pátio de um *shopping*, com t horas. Trata-se de um processo estocástico discreto com tempo contínuo.

Os valores reais que X(t) pode assumir são chamados *estado*s, sendo representados por E. A coleção de valores do espaço de estados $\{X(t) : t \in T\}$ é a trajetória ou realização desse processo estocástico. Se X_t representa a condição de uma máquina no instante t, que pode ser ruim ($X_t = 0$), razoável ($X_t = 1$) ou boa ($X_t = 2$), uma possível trajetória seria $\{0, 1, 2, 2, 2, 1, 2, ...\}$. Agora, considere um processo aleatório como resultado de um experimento aleatório, que consiste na coleta do valor das ações de uma empresa ao longo de um período de tempo. A trajetória é dada pelo Gráfico 6.1. A função evidenciada nesse gráfico é apenas um dos muitos resultados possíveis do processo estocástico. Desse ponto de vista, um processo aleatório pode ser pensado como uma função aleatória do tempo.

Gráfico 6.1 – Trajetória ou realização de X(t)

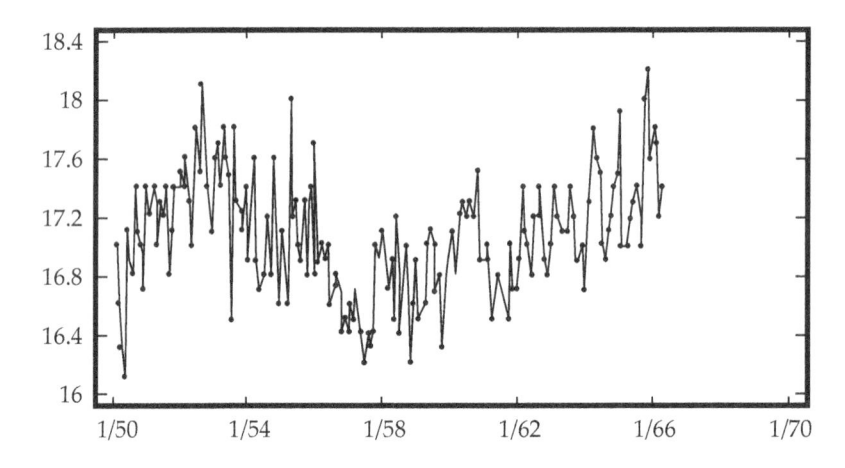

São características de um processo aleatório com índice t:

1. $P(X_1 = j)$ é a probabilidade de cada resultado j para a primeira observação.
2. Para os estados subsequentes, a probabilidade para o estado X_{t+1}, com $t = 1, 2, ...$, é dada por $P(X_{t+1} = j / X_t = i_t, X_{t-1} = i_{t-1}, ..., X_0 = i_0)$ (probabilidade condicional).

É necessário compreender a diferença entre vetor aleatório e processo estocástico. **Vetor aleatório** é aquele cujos componentes são VAs observadas simultaneamente, e essas observações formam uma família de resultados. Já no **processo estocástico**, avalia-se a evolução da VA no tempo ou no instante t.

Uma importante relação entre as variáveis que formam os processos estocásticos é aquela de independência ou dependência, como ao se identificar de que maneira os preços futuros de um estoque dependem dos preços do passado. Essa relação é fundamental para se entender a evolução do processo estocástico ao longo do tempo (se T representar tempo), já que a tendência é observar a dependência ou a independência na sequência de valores gerados pelo processo. Vejamos alguns exemplos.

Exemplo 6.3

Suponhamos um jogo de loteria composto por 60 números e no qual uma aposta consiste em escolher 6 números. A loteria tem sorteio semanal. Imaginemos que o sorteio seja sempre aleatório. O passado não interfere na probabilidade presente, isto é, o processo estocástico $\{X_1, X_2, ..., X_{t-1}, X_t\}$, $P(X_t = x_t)$ não é dependente de seu passado, pois a cada sorteio a probabilidade de cada aposta é a mesma. Portanto, esse processo estocástico é independente.

Exemplo 6.4

Consideremos a chegada de pacientes a um consultório médico. Identificamos como X_n o tempo de espera do n-ésimo paciente para ser atendido pelo médico. O processo estocástico X_n, $n \geq 1$, é descrito por $S_X = \{x \ / \ x \geq 0\}$. Observe que X_n é um processo aleatório de tempo discreto, $T = \{1, 2, 3, ...\}$.

Exemplos de processos estocásticos

- **Processo estocástico de Bernoulli**: é um processo em que as variáveis aleatórias são independentes e identicamente distribuídas (i.i.d.), com distribuição de Bernoulli, $p \in (0, 1)$ e espaço amostral $\Omega = \{0, 1\}$.
- **Processo estocástico de Poisson**: é um dos processos de contagem mais utilizados. Geralmente, é usado em situações em que se contam as ocorrências de certos eventos considerando-se uma taxa aleatória (λ) – por exemplo, o número de acidentes com automóveis em determinada área.
- **Processo estocástico de Markov**: apresenta as seguintes propriedades:
  - o espaço de estados é finito;
  - o resultado em qualquer fase depende apenas do resultado da etapa anterior;
  - as probabilidades são constantes ao longo do tempo.
- **Processos estocásticos estacionários**: são processos cuja distribuição de probabilidade conjunta não muda quando é deslocada no tempo ou no espaço. A média μ e a variância σ^2, se existirem, não mudam com o tempo ou o espaço. Os processos de Bernoulli são estacionários.

Exemplo 6.5

Na matemática financeira, o valor futuro ou montante é dado por $M = P(1+I)^n$, em que P é o capital investido, I é a taxa de juros no período e n é o período. Um investidor deseja aplicar R$ 5.000,00, com taxa de juros mensal variando entre 1% e 5%.

a) Encontre uma possível função para o processo aleatório $\{M_n, n = 0, 1, 2, ...\}$.

A aleatoriedade de M_n vem da VA i, então a função é dada por $M_n = 5\,000(1+i)^n$, $n = 0, 1, 2, ...$, para um valor em particular de $I = i$.

b) Determine o valor esperado para o montante após 11 meses: $E(M_{11})$.

Observe que a taxa de juros tem distribuição uniforme, I ~ Uniforme (1%, 5%).

É válido lembrar que a distribuição uniforme é dada por:

$$f_X(x) = \begin{cases} \dfrac{1}{b-a}, & a \leq x \leq b \\ 0, & \text{caso contrário} \end{cases}$$

Então, $M_n = 5\,000(1+I)^{11}$. Como I tem distribuição uniforme, a função densidade de probabilidade (FDP) é dada por:

$$f_I(i) = \begin{cases} \dfrac{1}{0,05-0,01}, & 0,01 \leq i \leq 0,05 \\ 0, & \text{caso contrário} \end{cases} \Rightarrow f_I(i) = \begin{cases} 25, & 0,01 \leq i \leq 0,05 \\ 0, & \text{caso contrário} \end{cases}$$

Dessa forma:

$$E(M_{11}) = E(5\,000(1+I)^{11}) = 5\,000\,E((1+I)^{11}) = 5\,000 \int_{0,01}^{0,05} 25(1+i)^{11} di =$$

$$= 5\,000 \cdot 25 \left(\frac{(1+i)^{12}}{12} \right) \Big|_{0,01}^{0,05}$$

$$= \frac{31\,250}{3} \left(1,05^{12} - 1,01^{12} \right) \cong R\$\ 6.969{,}07$$

6.2 Processo de Bernoulli

O processo estocástico de Bernoulli pode ser visualizado na sequência de lançamentos de um dado não viciado, em que a probabilidade de cada face é sempre constante: $p = \frac{1}{6}$, com p no intervalo entre $0 < p < 1$ (p é a probabilidade de sucesso e $1-p$ a de fracasso). Em geral, esse processo consiste em uma sequência de ensaios independentes do que acontece em outros ensaios.

O processo de Bernoulli tem diversas aplicações, como a modelagem de sistemas que envolvem a chegada de clientes ou empregados a um centro de atendimento. Aqui, definiremos esse processo como uma sequência $X_1, X_2, \ldots$ de VAs de Bernoulli, com:

- $P(X_t = 1) = p$ (probabilidade de sucesso no instante t)
- $P(X_t = 0) = 1 - p$ (probabilidade de fracasso no instante t, para todo $t \in T$)

A fórmula $S_n = X_1 + X_2 + \ldots + X_n$ corresponde ao total de sucesso em n tentativas independentes. A VA S_n é binomial, com parâmetros n e p, e a função de probabilidade (FP) é dada por $P(S_n = k) = p_{S_n}(k) = \binom{n}{k}p^k(1-p)^{n-k}$, $k = 0, 1, \ldots, n$, com a seguinte média e variância:

$E(S_n) = np$

$Var(S_n) = np(1-p)$

Se $T_1 = \min\{n \,/\, X_n = 1\}$, ou seja, se T_1 é o tempo para que ocorra o primeiro sucesso, então T_1 tem distribuição geométrica. A distribuição de probabilidade, a média e a variância são dadas, respectivamente, por:

$P(T_1 = k) = p_{T_1}(k) = p(1-p)^{k-1}$, $k = 1, 2, \ldots,$

$$E(T_1) = \frac{1}{p}$$

$$Var(T_1) = \frac{1-p}{p^2}$$

Assim, $Y_k = \min\{n \,/\, S_n = k\}$, isto é, Y_k é o tempo para que ocorra o k-ésimo sucesso, com $k \geq 1$ e $Y_0 = 0$. A VA associada ao k-ésimo intervalo (entre Y_k e Y_{k-1}) é definida por $T_k = Y_k - Y_{k-1}$, com $T_1 = Y_1$, e representa o número de tentativas ocorridas do $k-1$ instante até o próximo sucesso.

$Y_k = T_1 + T_2 + \ldots + T_k$

Como Y_k tem distribuição de Pascal, a média e a variância de Y_k são dadas, respectivamente, por:

$$E(Y_k) = \frac{k}{p}$$

$$Var(Y_k) = \frac{k(1-p)}{P^2}$$

A FP é dada por:

$$P(Y_k = t) = P_{Y_k}(t) = \binom{t-1}{k-1} p^k (1-p)^{t-k}, \ t = k, k+1, \ldots$$

O fato de o processo estocástico de Bernoulli ser independente em todos os instantes e ter a propriedade de não fornecer informação sobre os resultados futuros (sem memória) daquilo que ocorreu em ensaios anteriores resulta em importantes aplicações.

Outra propriedade relevante é a de **estacionariedade do processo**. Consideremos $X_1, X_2, \ldots, X_n$ um processo de Bernoulli e também o processo estocástico $\{Y_n\}$, de modo que $Y_n = m + n$, para $m \in \mathbb{Z}_+^*$. O processo $\{Y_n\}$ começa a ser observado em $\{X_n\}$ no instante $m + 1$. Logo, podemos afirmar que os dois processos têm a mesma distribuição de probabilidade. Essa particularidade é chamada *propriedade estacionária*.

Como as distribuições do processo não mudam, temos que:

$$P((X_{n+1}, X_{n+2}, \ldots) \in A \,/\, X_1, \ldots, X_n) = P((X_{n+1}, X_{n+2}, \ldots) \in A) = P((X_1, X_2, \ldots) \in A), \text{ com } A \in \Omega$$

S_n corresponde ao total de sucesso em n tentativas independentes. No caso de $S_{n+m} - S_n$, os incrementos também são estacionários e independentes, isto é, $P(S_{n+m} - S_n \,/\, S_1, \ldots, X_n) = P(S_{n+m} - S_n)$.

Exemplo 6.6

Considere $\{X_n : n = 1, 2, \ldots\}$ uma sequência de VAs independentes com $\Omega_{X_n} = \{0, 1\}$, $P(X_n = 0) = \frac{3}{4}$ e $P(X_n = 1) = \frac{1}{4}$. Considere a VA $S_n = \sum_{i=1}^{n} X_i$. Determine:

a) a FP de primeira ordem de S_n.

Nesse caso, $S_n \sim b(n, p) = b\left(n, \frac{1}{4}\right)$ e S_n tem distribuição binomial.

$$P(S_n = j) = \binom{n}{j}\left(\frac{1}{4}\right)^j \left(1 - \frac{1}{4}\right)^{n-j} = \binom{n}{j}\left(\frac{1}{4}\right)^j \left(\frac{3}{4}\right)^{n-j}$$

b) $E(S_n)$

$$E(S_n) = np = n \cdot \frac{1}{4} = \frac{n}{4}$$

Exemplo 6.7

Suponha que uma série de defeitos provenientes de uma linha de montagem possam ser modelados pela distribuição binomial. O processo de contagem é feito a cada $\frac{1}{2}$ minuto, ao passo que a probabilidade de um defeito durante cada intervalo é de p = 0,02.

a) Determine a probabilidade de o processo ficar mais de 20 minutos sem a ocorrência de defeitos.
- S_n é o número de defeitos em n intervalos: Sn ~ b(n, p) = b(n, 0,02)
- Y é o número de intervalos entre dois defeitos: Y ~ geométrica (p = 0,02).
- d é o tamanho do intervalo: d = 2 minutos.
- T é o tempo entre dois defeitos sucessivos: $T = \frac{1}{2} \cdot Y$
- $T > 20 \Rightarrow \frac{1}{2}Y > 20 \Rightarrow Y > 40$

$$P(T > 20) = P(Y > 40) = P(X_{40} = 0) = \binom{40}{0} \cdot 0,02^0 \cdot (1 - 0,02)^{40 - 0} = 0,446$$

Observe as distribuições das VAs: é geométrica e X_n é binomial.

b) Determine a média de defeitos por hora.

Em 1 hora há 120 intervalos, pois 0,5 · 60 minutos = 120. Para determinar a média de X_n, calcula-se o seguinte:

$E(X_n) = np = 120 \cdot 0,02 = 2,4$ defeitos por hora.

c) Se o processo for parado para inspeção porque ocorreu defeito, quanto tempo, em média, o processo será executado até que seja interrompido?

Nesse caso, é preciso determinar a média de T:

$$E(T) = E\left(\frac{1}{2} \cdot Y\right) = \frac{1}{2} E(Y) = \frac{1}{2} \cdot \frac{1}{p} = \frac{1}{2} \cdot \frac{1}{0,02} = \frac{1}{2} \cdot \frac{100}{2} = 25 \text{ minutos}$$

Observe que a esperança de Y é geométrica. Logo, $E(Y) = \frac{1}{p}$.

Exemplo 6.8

Os clientes de determinado provedor de serviços de internet conectam-se à internet a uma taxa média de 3 clientes por minuto. Assumindo o processo de contagem binomial com intervalos de 5 segundos:

a) Determine a probabilidade de ocorrerem mais de 10 novas conexões durante os próximos 3 minutos.

$\lambda = 3$ clientes por minuto; intervalos $I = 5$ segundos $= \frac{5}{60} = \frac{1}{12}$ minuto

A probabilidade de uma nova conexão durante determinado intervalo é dada por:

$$p = \lambda \cdot I = 3 \cdot \tfrac{1}{12} = \tfrac{1}{4} = 0{,}25$$

Durante 3 minutos, há $\dfrac{3}{\tfrac{1}{12}} = 36$ intervalos.

Como n é grande, pode-se utilizar a distribuição normal como aproximação da distribuição binomial. Então:

$\mu = np = 36 \cdot 0{,}25 = 9$ e $\sigma^2 = np(1 - p) = 36 \cdot 0{,}25 \cdot 0{,}75 = 6{,}75$

Logo:

$P(X > 10) = P(X > 10{,}5) = 0{,}5 - 0{,}219043 = 0{,}28$

$$Z = \dfrac{10{,}5 - 9}{2{,}6} = 0{,}58$$

Observe que 10,5 é a correção para a distribuição normal.

b) Calcule a média do número de segundos entre as conexões.

Como o número de segundos tem distribuição geométrica, a esperança é:

$E(T) = \tfrac{1}{\lambda} = \tfrac{1}{3} = 20$ segundos

Preste atenção!

Distribuição das variáveis para o processo de Bernoulli:

$S_n \sim B(n, p)$, $T \sim$ geométrica (n, p) e $Y_k \sim$ Pascal (n, k, p)

6.3 Processo estocástico de Poisson

O processo de Poisson é semelhante ao de Bernoulli. Ele é aplicado quando não é possível dividir o intervalo em períodos discretos, como no modelo de acidentes de trânsito de uma cidade. Podemos determinar o número de acidentes por hora ou por período, como das 8 h às 12 h. Assim, determinamos o número de eventos em um intervalo contínuo. Dessa forma, o processo de Bernoulli não pode ser aplicado, porque não permite calcular o número esperado de acidentes em determinado intervalo contínuo.

$N(t)$ é o número de eventos que representa o número de chegadas (ou eventos) que ocorrem do instante 0 até o instante t, com $t \in [0, \infty)$, tal que $N(0) = 0$, $N(t) \in \mathbb{N}$. O número de eventos no intervalo $0 \leq s < t$ é dado por $N(t) - N(s)$.

O processo aleatório $N(t)$ apresentará incremento estacionário se $N(t_i) - N(t_j)$ tiver a mesma distribuição de probabilidade de $N(t_i - t_j)$ para todo $t_i > t_j \geq 0$. Se $i = 2$, $j = 1$ e $t_1 < t_2$, então:

$$P(N(t_2) - N(t_1) = k) = P(N(t_2 - t_1) = k)$$

O processo estocástico de tempo contínuo pode ser determinado por $\{X(t) : t \in T\}$, com $T = [0, \infty)$. Se os incrementos $X(t_2) - X(t_1)$, $X(t_3) - X(t_2)$, ..., $X(t_n) - X(t_{n-1})$ – em intervalos disjuntos – são independentes para todo $0 \leq t_1 < t_2 < ... < t_n$, então $X(t)$ tem incrementos independentes.

$\{N_\tau\}$ corresponde ao número de eventos no período τ com média λ no intervalo de tamanho τ. O número de ocorrências ou eventos tem distribuição de Poisson, de modo que o número esperado de ocorrências no período τ é dado por $\lambda\tau$.

A FP é dada por:

$$p_\tau(k) = P(k, \tau) = P(N(t) = k) = \frac{(\lambda\tau)^k e^{-\lambda\tau}}{k!}, \ k = 0, 1, ...$$

A média e a variância são dadas, respectivamente, por:

$E(N_\tau) = \lambda\tau$
$Var(N_\tau) = \lambda\tau$

$P(k, \tau)$ é a probabilidade de ocorrerem exatamente k eventos durante o intervalo de tamanho τ. O processo de Poisson tem a seguinte propriedade: $P(k, \tau)$ é a mesma para todo intervalo de tamanho τ.

6.3.1 Distribuição de T_k e Y_n

Consideremos $N(t)$ um processo de Poisson, com média de ocorrência λ. As VAs são representadas por $T_1, T_2, ...$, em que T_1 é o intervalo de tempo para a ocorrência do primeiro evento, T_2 é o intervalo de tempo entre a ocorrência do primeiro evento e a do segundo, e assim sucessivamente. As VAs T_i são independentes e têm distribuição exponencial, isto é, $T_i \sim$ exponencial (λ), para todo $i = 1, 2, ...$

A FP para T_i é dada por:

$$P(T_i > t) = e^{-\lambda t}, \ t > 0$$

A função de distribuição é dada por:

$$F_{T_i}(t) = \begin{cases} 1 - e^{-\lambda t}, \ t > 0 \\ 0, \ \text{caso contrário} \end{cases}$$

Se o tempo de ocorrência do evento é $Y_n = T_1 + T_2 + ... + T_n$, de modo que as VAs T são independentes, com distribuição exponencial, Y_n tem distribuição gama, isto é, $Y_n \sim$ Erlang(n, λ) = gama (n, λ).

A FP é dada por:

$$f_{Y_n}(t) = \frac{\lambda^n t^{n-1} e^{-\lambda t}}{(n-1)!}, \text{para } t > 0 \text{ e } n = 1, 2, 3, \ldots$$

A média e a variância são dadas, respectivamente, por:

$$E(Y_n) = \frac{n}{\lambda}$$

$$Var(Y_n) = \frac{n}{\lambda^2}$$

6.3.2 Aproximação Poisson para a binomial

Imaginemos a VA discreta Z_n, com distribuição binomial $Z_n \sim b(n, p)$. Nesse caso, $\lim_{x \to \infty} np = \lambda$, com λ fixo e $\lambda \in R_+^*$. A FP de Z_n converge para a FP de Poisson quando $n \to \infty$.

$$\lim_{x \to \infty} P_{Z_n}(k) = \frac{\lambda^k e^{-\lambda}}{k!}, \text{ para algum } k \in \{0, 1, 2, \ldots\}$$

Exemplo 6.9

O número de jogos sem chuva na Arena do Grêmio, na cidade de Porto Alegre, corresponde ao seguinte processo de Poisson: média de $\lambda = 5$ jogos sem chuva por 30 dias. Determine a probabilidade de que:

a) haja mais de 5 jogos sem chuva em 15 dias.
- $N(t)$ é o número de jogos sem chuva em t dias.
- $N(t) \sim P(\lambda)$.
- A média por dia é de $\lambda = \frac{5}{30} = \frac{1}{6}$.

$$P(N(15) > 5) = 1 - P(N(15) \leq 5)$$
$$= 1 - P(N(15) = 0) - P(N(15) = 0) - P(N(15) = 1)$$
$$- P(N(15) = 2) - P(N(15) = 3) - P(N(15) = 4) - P(N(15) = 5)$$
$$= 1 - \frac{2,5^0 \cdot e^{-2,5}}{0!} - \frac{2,5^1 \cdot e^{-2,5}}{1!} - \frac{2,5^2 \cdot e^{-2,5}}{2!} - \frac{2,5^3 \cdot e^{-2,5}}{3!}$$
$$- \frac{2,5^4 \cdot e^{-2,5}}{4!} - \frac{2,5^5 \cdot e^{-2,5}}{5!} = 0,042$$

b) não haja jogos sem chuva em 7 dias.

$$P(N(7) = 0) = \frac{\left(\frac{7}{6}\right)^0 \cdot e^{-\frac{7}{6}}}{0!} = 0,311$$

Exemplo 6.10

Considere $T_1, T_2, \ldots$ o intervalo de tempo de ocorrência dos eventos do processo de Poisson N(t), com média $\lambda = 2$.

a) Encontre a probabilidade de que a primeira ocorrência seja antes de $t = 0,5$.
Nesse caso, devemos calcular $P(T_1 > 0,5)$, de modo que $X_1 \sim Exp(2)$. Dessa maneira:
$P(T_i > t) = e^{-\lambda t}$, $t > 0$
$P(T_1 > 0,5) = e^{-\lambda t} = e^{-0,5 \cdot 2} = 0,3678\ldots$

b) Dado que não houve chegada antes de $t = 1$, calcule $P(T_1 > 3)$.
Como o processo estocástico é sem memória, isto é, $P(T_i > s + t \,/\, T_i > s) = P(T_i > t)$, então vamos calcular $P(T_1 > 3 \,/\, T_1 > 1) = P(T_1 > 2)$.
$P(T_1 > 2) = e^{-2 \cdot 2} = 0,018315\ldots$

c) Considerando que o terceiro evento ocorre no tempo $t = 2$, calcule a probabilidade de que a quarta ocorrência seja depois de $t = 4$.
O tempo entre o terceiro e o quarto evento é X_4 e tem distribuição exponencial, com média $\lambda = 2$.
$P(T_4 > 2 \,/\, T_1 + T_2 + T_3 = 2) = P(T_4 > 2)$
$= e^{-2 \cdot 2} = 0,0185315\ldots$

Exemplo 6.11

O processo de Poisson $\{N(t) \,/\, t \in [0, +\infty)\}$ apresenta taxa média de $\lambda = 0,7$.

a) Determine a probabilidade de nenhuma chegada no intervalo (3, 5].
$t = 5 - 3 = 2$
$T \sim Exp(\lambda \tau) = Exp(0,7 \cdot 2) = Exp(1,4)$
$P(T = 0) = 1,4 \cdot e^{-1,4} = 1,4 \cdot 0,2465\ldots = 0,3452\ldots$

b) Determine a probabilidade de que ocorra exatamente 1 chegada nos seguintes intervalos: (0, 1], (1, 2] e (2, 3].
$T \sim Exp(\lambda \tau) = Exp(0,7 \cdot 1) = Exp(0,7)$
$P(T_1 = 1, T_2 = 1, T_3 = 1) = P(T_1 = 1) \cdot P(T_2 = 1) \cdot P(T_3 = 1) =$
$= 0,7e^{-0,7} \cdot 0,7e^{-0,7} \cdot 0,7e^{-0,7} = 0,042$

> **Preste atenção!**
> Distribuição das variáveis para o processo de Poisson:
> $N(t) \sim \text{Poisson}(\lambda \tau)$, $T \sim \text{exponencial }(\lambda)$ e $Y_n \sim \text{gama}(n, \lambda)$

6.4 Cadeias de Markov para tempo discreto

Nos casos em que um processo estocástico discreto $\{X(t), t \in T\}$ tem as variáveis $X(t)$ independentes, a análise pode ser relativamente direta por se tratar de um processo sem memória. Consequentemente, $X(t)$ pode ser analisada de forma independente em relação às variáveis anteriores. Para muitos processos, a hipótese de independência das variáveis não é válida, como o preço das ações de uma companhia nos instantes $t \in \{0, 1, 2, \ldots\}$. Assim, é necessário desenvolver modelos em que $X(t)$ são dependentes.

A cadeia de Markov é um tipo especial de processo estocástico em que a probabilidade do próximo estado depende apenas do estado atual. O número possível de observações ou estados é finito e a probabilidade é constante para todo instante t.

Consideremos o processo aleatório $\{X_n\}_{n \in T}$, com tempo discreto $T = \{0, 1, 2, \ldots\}$ e espaço de estados E discreto. Se $\{X_n\}_{n \in T}$ é um processo de Markov, vale a seguinte propriedade:

$$P(X_{n+1} = j / X_0 = i_0, X_1 = i_1, \ldots, X_n = i_n) = P(X_{n+1} = j / X_n = i_n), \forall\ i_0, i_1, \ldots, i_n, j \text{ e } n$$

A probabilidade $P(X_{n+1} = j / X_n = i_n)$ é denominada *probabilidade de transição*. Se ela não depende do tempo, também não depende do instante t. Nesse caso, o processo está no estado j. Assim, podemos definir:

$$p_{ij} = P(X_{n+1} = j / X_n = i_n)$$

Dessa forma:

$$p_{ij} = P(X_1 = j / X_0 = i_0) =$$
$$= P(X_2 = j / X_1 = i_1) =$$
$$= P(X_3 = j / X_2 = i_1)$$

6.4.1 Matriz de transição para uma cadeia de Markov

Considere uma cadeia de Markov com n estados $e_1, e_2, \ldots, e_n$. Nesse caso, p_{ij} é a probabilidade de transição do estado e_i para o estado e_j, isto é, $P(X_{n+1} = e_j / X_n = e_i)$. A matriz de transição é definida por:

$$P = \begin{pmatrix} p_{10} & p_{11} & \cdots & p_{1n} \\ p_{21} & p_{22} & \cdots & p_{2n} \\ \cdots & \cdots & \cdots & \cdots \\ p_{n1} & p_{n2} & \cdots & p_{nn} \end{pmatrix}$$

Se a matriz P satisfaz as condições $p_{ij} > 0$ e $\sum_{j=1}^{n} p_{ij} = 1$, i = 1, 2, ..., n, então p é denominada *matriz estocástica*.

Exemplo 6.12

Suponhamos que existam 3 linhas telefônicas e que, a qualquer momento, uma delas possa estar ocupada. Se, a cada minuto, observarmos quantas linhas estão ocupadas, teremos o espaço amostral $\Omega = \{0, 1, 2, 3\}$. Nesse caso, X_1 corresponde ao número de linhas ocupadas na primeira observação, X_2 ao número de linhas ocupadas na segunda observação, e assim sucessivamente. Desse modo, haverá uma sequência de valores que forma o processo aleatório com VAs discretas e tempo discreto. Supondo-se que o número de linhas ocupadas dependa apenas do número de linhas que estavam ocupadas na observação anterior, a matriz de transição será dada por:

$$P = \begin{pmatrix} 0,3 & 0,4 & 0,2 & 0,1 \\ 0,2 & 0,5 & 0,2 & 0,1 \\ 0,1 & 0,3 & 0,4 & 0,2 \\ 0,2 & 0,1 & 0,3 & 0,4 \end{pmatrix}$$

A interpretação dessa matriz de transição é a seguinte: p_{ij} indica a probabilidade de se estar no estado *i* e passar para o estado *j*. Na primeira linha, temos $P(X_1 = 0 / X_0 = 0)$ ou $p_{11} = 0,3$, que é a probabilidade de as linhas estarem desocupadas e continuarem assim. Nessa perspectiva, p_{21} é a probabilidade de haver apenas 1 linha ocupada e de passarem a existir 2 linhas ocupadas, $P(X_1 = 2 / X_0 = 1)$, P_{32} é a probabilidade $P(X_1 = 1 / X_0 = 2)$ de se passar de 2 linhas ocupadas para apenas 1, e assim sucessivamente.

A matriz de transição pode ser representada por um grafo denominado *topologia da cadeia* ou *diagrama de transição de estados*. As setas entre os estados indicam as transições. A Figura 6.1 ilustra o grafo da matriz de transição do Exemplo 6.12.

Figura 6.1 – Diagrama de transição de estados – Exemplo 6.12

Exemplo 6.13
Considere a cadeia de Markov dada pelo diagrama de transição de estados:

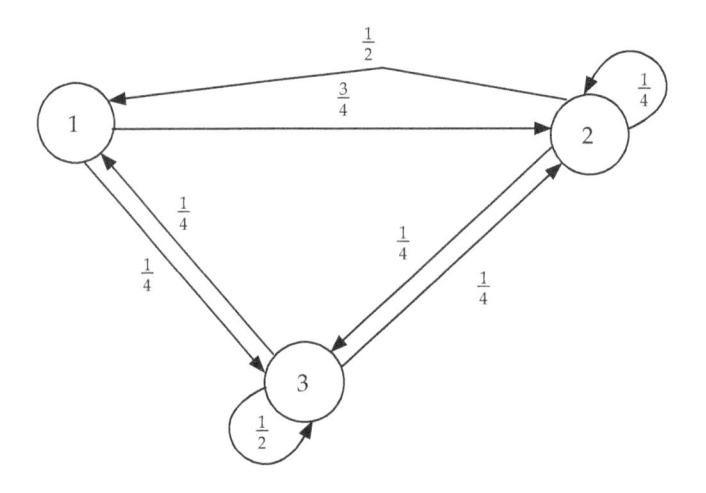

a) Determine $P(X_5 = 3 / X_4 = 2)$.

A matriz de transição é $P = \begin{pmatrix} 0 & \frac{3}{4} & \frac{1}{4} \\ \frac{1}{2} & \frac{1}{4} & \frac{1}{4} \\ \frac{1}{4} & \frac{1}{4} & \frac{2}{4} \end{pmatrix}$, então:

$$P(X_5 = 3 / X_4 = 2) = p_{23} = \frac{1}{4}$$

b) Determine $P(X_4 = 1 / X_3 = 1)$.

$P(X_4 = 1 / X_3 = 1) = p_{11} = 0$

c) Se $P(X_0 = 1) = \frac{2}{5}$, determine $P(X_0 = 1, X_1 = 3)$.

Aplicando a probabilidade condicional, encontramos o seguinte:

$$P(X_0 = 1 / X_1 = 3) = P(X_0 = 1)P(X_1 = 2 / X_0 = 1) = \frac{2}{5} \cdot p_{12} = \frac{2}{5} \cdot \frac{3}{4} = \frac{3}{10}$$

d) Se $P(X_0 = 1) = \frac{2}{5}$, determine $P(X_0 = 1, X_1 = 2, X_2 = 3)$.

Aplicando a probabilidade condicional, encontramos o seguinte:

$P(X_0 = 1, X_1 = 2, X_2 = 3) = P(X_0 = 1) P(X_1 = 2 / X_0 = 1) P(X_2 = 3 / X_1 = 2, X_0 = 1)$

Pela propriedade de Markov, concluímos o seguinte:

$= P(X_0 = 1) P(X_1 = 2 / X_0 = 1) P(X_2 = 3 / X_1 = 2) =$

$= \frac{2}{5} \cdot p_{12} \cdot p_{23} = \frac{2}{5} \cdot \frac{3}{4} \cdot \frac{1}{4} = \frac{3}{40}$

Exemplo 6.14

Consideremos a sequência de VAs $X_1, X_2, X_3, \ldots$ independentes com distribuição gama. Definimos a VA S_n como a soma parcial $S_n = X_1 + X_2 + \ldots + X_n$ das variáveis gama.

a) S_n é uma VA de tempo contínuo ou discreto?

Discreto, porque $n = 1, 2, \ldots$

b) S_n é uma VA de estado contínuo ou discreto?

Contínuo, porque S_n é a soma das variáveis contínuas.

c) S_n é um processo de Markov?

Sim, porque $S_{n+1} = S_n + X_{n+1}$, isto é, S_{n+1} depende apenas de S_n.

d) S_n é um processo de contagem?

Não, porque S_n é um processo de estado contínuo.

6.4.2 Probabilidade de transição em vários estágios

Consideremos uma cadeia de Markov $\{X_n, n = 0, 1, 2, \ldots\}$ com espaço de estados $S = \{1, 2, 3, \ldots\}$. Para determinar a probabilidade de ir do estado i para o estado j em dois estágios, calcula-se o seguinte:

$$p_{ij}^{(2)} = P(X_2 = j / X_0 = i)$$

Podemos encontrar a probabilidade $p_{ij}^{(2)}$ aplicando a lei da probabilidade total:

$$p_{ij}^{(2)} = P(X_2 = j \,/\, X_0 = i) = \sum_{k \in S} P(X_2 = j \,/\, X_1 = k,\, X_0 = i) P(X_1 = k \,/\, X_0 = i)$$

Pela propriedade de Markov, chegamos ao seguinte cálculo:

$$\sum_{k \in S} P(X_2 = j \,/\, X_1 = k) P(X_1 = k \,/\, X_0 = i) =$$
$$= \sum_{k \in S} p_{ik} \cdot p_{kj}$$

Observando o resultado, vemos que a probabilidade $p_{ij}^{(2)}$ é o produto da i-ésima linha pela j-ésima coluna da matriz de transição P.

Então, podemos afirmar que a matriz de dois estágios é a seguinte:

$$P^{(2)} = \begin{pmatrix} p_{11}^{(2)} & p_{12}^{(2)} & \cdots & p_{1r}^{(2)} \\ p_{21}^{(2)} & p_{22}^{(2)} & \cdots & p_{2r}^{(2)} \\ \vdots & \vdots & \vdots & \vdots \\ p_{r1}^{(2)} & p_{r2}^{(2)} & \cdots & p_{rr}^{(2)} \end{pmatrix}$$

Para o caso mais geral, a probabilidade de transição de *t* estágios é dada por:

$$p_{ij}^{(n)} = P(X_n = j \,/\, X_0 = i), \text{ para } n = 0, 1, 2, \ldots$$

Já a matriz $P^{(n)}$ de transição *n* de estágios é dada por:

$$P^{(n)} = \begin{pmatrix} p_{11}^{(n)} & p_{12}^{(n)} & \cdots & p_{1r}^{(n)} \\ p_{21}^{(n)} & p_{22}^{(n)} & \cdots & p_{2r}^{(n)} \\ \vdots & \vdots & \vdots & \vdots \\ p_{r1}^{(n)} & p_{r2}^{(n)} & \cdots & p_{rr}^{(n)} \end{pmatrix}$$

A generalização desses conceitos é dada pela equação de Chapman-Kolmogorov:

$$p_{ij}^{(m+n)} = P(X_{m+n} = j / X_0 = i) = \sum_{k \in S} p_{ik}^{(m)} p_{kj}^{(n)}$$

Dessa forma, a matriz de transição em *n* estágios é dada por:

$P^{(n)} = P^n$, para n = 1, 2, 3, ...

6.4.3 Distribuição de probabilidade dos estados

Considere a cadeia de Markov $\{X_n : n = 0, 1, 2, ...\}$ com espaços de estados E = {1, 2, 3, ..., r}. Cada VA X_i detém uma distribuição de probabilidade, que podemos escrever como um vetor n × 1. Nesse caso, π é um vetor n × 1. A distribuição de probabilidade de X_0 é dada por:

$$\pi^{(0)} = \begin{pmatrix} \pi_1 \\ \pi_2 \\ \vdots \\ \pi_r \end{pmatrix} = \begin{pmatrix} P(X_0) = 1 \\ P(X_0) = 2 \\ \vdots \\ P(X_0) = r \end{pmatrix}$$

A generalização de $\pi^{(n)} = (P(X_n = 1) \; P(X_n = 2) \; ... \; P(X_n = r))^T$ pode ser deduzida da seguinte forma:

$$P(X_1 = j) = \sum_{k=1}^{r} P(X_1 = j / X_0 = k) P(X_0 = k)$$

$$\sum_{k=1}^{r} P_{kj} P(X_0 = k)$$

$$\sum_{k=1}^{r} \pi^{(k)} p_{kj}$$

Então, $\pi^{(1)} = \pi^{(0)} P$, $\pi^{(2)} = \pi^{(1)} P = \pi^{(0)} P^2$, ...

Logo, chegamos à seguinte conclusão:

$\pi^{(n+1)} = \pi^{(n)} P$

$\pi^{(n)} = \pi^{(0)} P^n$, para n = 0, 1, 2, ...

Exemplo 6.15

Considere o diagrama de transição de estados a seguir.

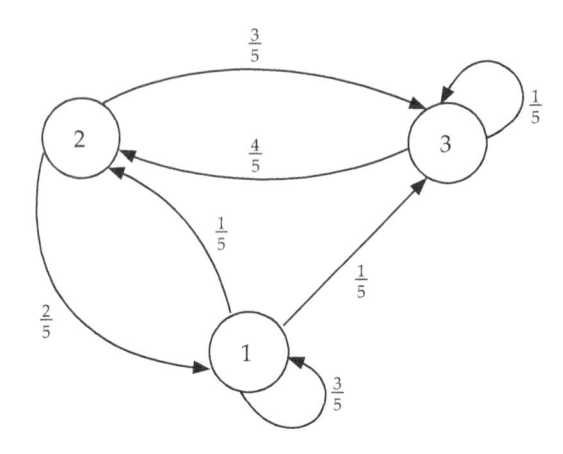

a) Determine a matriz de transição.

$$P = \begin{pmatrix} 3/5 & 1/5 & 1/5 \\ 2/5 & 0 & 3/5 \\ 0 & 4/5 & 1/5 \end{pmatrix}$$

b) Calcule $P(X_2 = 3 / X_0 = 1)$.

$$P(X_2 = 3 / X_0 = 1) = P(X_{1+1} = 3 / X_0 = 1) = \sum_{k \in S} p_{ik}^{(1)} p_{kj}^{(1)} = P_{13}^{(2)} = \frac{7}{25}$$

$$P^{(2)} = P^2 = \begin{pmatrix} 3/5 & 1/5 & 1/5 \\ 2/5 & 0 & 3/5 \\ 0 & 4/5 & 1/5 \end{pmatrix} \begin{pmatrix} 3/5 & 1/5 & 1/5 \\ 2/5 & 0 & 3/5 \\ 0 & 4/5 & 1/5 \end{pmatrix} = \begin{pmatrix} 11/25 & 7/25 & 7/25 \\ 6/25 & 14/25 & 1/25 \\ 8/25 & 4/25 & 13/25 \end{pmatrix}$$

c) Suponha que o vértice da saída seja qualquer um dos 3 vértices, os quais apresentam probabilidades iguais, isto é, o vetor de probabilidade de X_0 é $\pi^{(0)} = \left(\frac{1}{3}, \frac{1}{3}, \frac{1}{3}\right)$. Determine o vetor de probabilidade de X_1.

$$\pi^{(1)} = \pi^{(0)} \cdot P = \left(\frac{1}{3}, \frac{1}{3}, \frac{1}{3}\right) \begin{pmatrix} 3/5 & 1/5 & 1/5 \\ 2/5 & 0 & 3/5 \\ 0 & 4/5 & 1/5 \end{pmatrix} =$$

$$\left(\frac{1}{3} \cdot \frac{3}{5} + \frac{1}{3} \cdot \frac{2}{5} + 0, \frac{1}{3} \cdot \frac{1}{5} + 0 + \frac{1}{3} \cdot \frac{4}{5}, \frac{1}{3} \cdot \frac{1}{5} + \frac{1}{3} \cdot \frac{3}{5} + \frac{1}{3} \cdot \frac{1}{5}\right) = \left(\frac{1}{3}, \frac{1}{3}, \frac{1}{3}\right)$$

d) Suponha que no instante t = 0 o vértice de saída seja o 1. Determine a distribuição de probabilidade de X_2.

Nesse caso, $\pi^{(0)} = (1, 0, 0)$, pois a saída ocorre no vértice 1.

$$\pi^{(2)} = \pi^{(0)}P^2 = (1\,0\,0)\begin{pmatrix} 11/25 & 7/25 & 7/25 \\ 6/25 & 14/25 & 1/25 \\ 8/25 & 4/25 & 13/25 \end{pmatrix} = \left(\frac{11}{25}, \frac{7}{25}, \frac{7}{25}\right)$$

e) Suponha que a probabilidade de saída seja igual para qualquer vértice. Determine a probabilidade de se obter a trajetória (3, 2, 1, 1, 3).

$$P(3, 2, 1, 1, 3) = P(X_0 = 3) \cdot P(X_1 = 2 / X_0 = 3) \cdot P(X_2 = 1 / X_1 = 2) \cdot P(X_3 = 1 / X_2 = 1)$$
$$\cdot P(X_4 = 3 / X_3 = 1) = \frac{1}{3} \cdot P_{32} \cdot P_{21} \cdot P_{11} \cdot P_{13} = \frac{1}{3} \cdot \frac{4}{5} \cdot \frac{2}{5} \cdot \frac{3}{5} \cdot \frac{1}{5} = \frac{8}{625}$$

> ### Síntese
> Neste capítulo, abordamos alguns dos processos estocásticos mais conhecidos: Bernoulli, Poisson e cadeias de Markov para o caso discreto. Conforme demonstramos, um modelo estocástico serve para um processo que tem algum tipo de aleatoriedade, visto que se trata de um sistema que evolui no tempo enquanto sofre flutuações aleatórias. Podemos descrever tal sistema definindo uma família de variáveis aleatórias, $\{X_t\}$, em que X_t mede, no tempo t, o aspecto do sistema que é de interesse.

Atividades de autoavaliação

1) Em uma empresa atacadista, o número de pedidos de mercadorias tem distribuição de Poisson com média de 0,5 por hora.
   a. Determine a probabilidade de que o atacadista receba mais que 2 pedidos por hora.
   b. Se houver mais de 4 horas entre os envios, os empregados ficarão ociosos. Qual é a probabilidade de que isso aconteça?

2) Um vendedor de seguros de vida vende, em média, 3 apólices de seguro de vida por semana. Use a distribuição de Poisson para calcular a probabilidade de que em determinada semana ele venda, pelo menos, 1 apólice.

3) A variável X(t) representa a temperatura de certa localidade no instante t durante um dia qualquer.
   a. X(t) é uma variável aleatória (VA) de tempo contínuo ou discreto?
   b. X(t) é uma variável aleatória (VA) de estado contínuo ou discreto?

c. X(t) um processo de Markov?
d. X(t) é um processo de contagem?

4) Dado o grafo a seguir, determine a matriz de transição P.

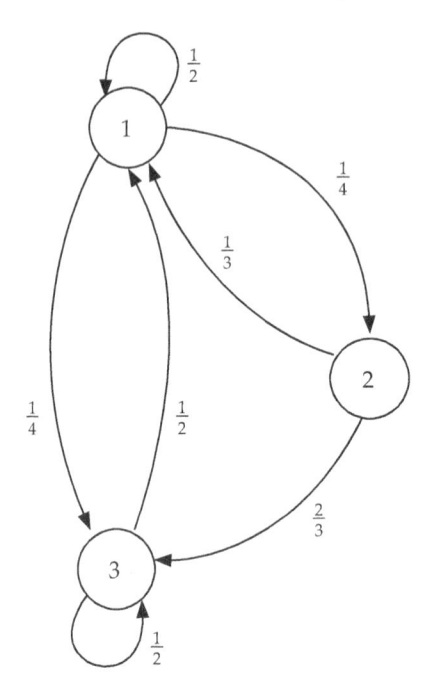

5) Considere a seguinte matriz de transição:

$$P = \begin{pmatrix} 1/2 & 1/4 & 1/4 \\ 1/3 & 0 & 2/3 \\ 1/2 & 0 & 1/2 \end{pmatrix}$$

a. Determine $P(X_4 = 2 / X_3 = 3)$.
b. Determine $P(X_3 = 2 / X_2 = 1)$
c. Se $P(X_0 = 1) = \frac{1}{3}$, determine $P(X_0 = 1, X_1 = 2)$.
d. Se $P(X_0 = 1) = \frac{2}{3}$, determine $P(X_0 = 1, X_1 = 2, X_2 = 3)$.

6) A probabilidade de um jogador ganhar uma aposta é de $\frac{1}{4}$. Essa probabilidade é independente para cada aposta.
a. Qual é a probabilidade de que o jogador ganhe exatamente 2 de 6 apostas?
b. Qual é o número esperado de apostas que o jogador deverá fazer antes de ganhar 3 vezes?

7) Considere o processo de Poisson {N(t) / t ∈ [0, +∞) }, com taxa média $\lambda = 0{,}5$.
   a. Determine a probabilidade de não haver nenhuma chegada no intervalo (3, 5].
   b. Determine a probabilidade de haver exatamente 1 chegada nos seguintes intervalos: (0, 1],(1, 2],(2, 3] e (3, 4].

Atividades de aprendizagem

Questões para reflexão

1) O processo estocástico {X_t / t = 1, 2, 3, ...} toma os valores do conjunto {1, 2, 3}. Nesse caso, X_t representa o estado de uma máquina, que pode variar entre as seguintes opções: $X_t = 1$, quando a máquina apresenta defeito e precisa de reparos; $X_t = 2$, quando a máquina funciona, mas não em perfeitas condições (precisa de alguma regulagem); e X_3, quando a máquina trabalha em perfeitas condições. A matriz de transição é dada por:

$$P = \begin{pmatrix} 0 & 0{,}4 & 0{,}6 \\ 0{,}4 & 0 & 0{,}6 \\ 0{,}1 & 0{,}2 & 0{,}7 \end{pmatrix}$$

Qual é a probabilidade de que, na segunda observação, a máquina em perfeitas condições continue assim?

2) Em média, a cada $\frac{1}{10}$ de minuto, um paciente chega ao consultório médico. O médico não verá um paciente até que, pelo menos, 3 estejam na sala de espera. Determine o tempo de espera até que o primeiro paciente seja atendido (Poisson).

Atividade aplicada: prática

1) Considere a cadeia de Markov com três estados, E = {1, 2, 3}, e a seguinte matriz de transição:

$$P = \begin{pmatrix} 1/2 & 1/4 & 1/4 \\ 2/3 & 0 & 1/3 \\ 1/2 & 1/2 & 0 \end{pmatrix}$$

   a. Determine o grafo de transição.
   b. Se $P(X_1 = 1) = P(X_1 = 2) = \frac{1}{5}$, determine $P(X_1 = 3, X_2 = 2, X_3 = 1)$.

Considerações finais

O principal objetivo desta obra foi apresentar a você, leitor, um texto de fácil leitura e interpretação. Para isso, tivemos especial cuidado com a fundamentação teórica dos temas contemplados. Procuramos produzir um livro com muitos exercícios, o que é fundamental para a assimilação dos conceitos da teoria das probabilidades e dos modelos estatísticos.

No primeiro capítulo, abordamos os conceitos básicos de probabilidades. No segundo e no terceiro capítulos, tratamos dos conceitos de variáveis aleatórias (VAs) discretas e contínuas e das funções de probabilidade (FPs). Esses conceitos são a base para a compreensão dos modelos probabilísticos. No quarto capítulo, apresentamos os conceitos de vetores aleatórios, a função de distribuição conjunta e as aplicações das FPs com mais de uma VA. No quinto capítulo, examinamos a inferência estatística para a tomada de decisões. Por fim, no sexto capítulo, fizemos uma pequena introdução aos processos estocásticos.

Referências

COSTA NETO, P. L. de O. **Estatística**. São Paulo: E. Blücher, 1977.

GUIMARÃES, I. A. **Estatística**. Notas de aulas. Disponível em: <http://paginapessoal.utfpr.edu.br/andruski/Estatistica-Notas-de-Aula.pdf/at_download/file>. Acesso em: 23 ago. 2019.

HOGG, R. V.; McKEAN, J. W.; CRAIG, A. T. **Introduction to Mathematical Statistics**. 6. ed. New Delhi: Pearson Education, 2007.

JAMES, B. R. **Probabilidade**: um curso em nível intermediário. 3. ed. Rio de Janeiro: Impa, 2010.

KAZMIER, L. J. **Estatística aplicada à economia e administração**. 4. ed. Tradução de Adriano Silva Vale Cardoso. Porto Alegre: Bookman, 2008. (Coleção Schaum).

LARSEN, R. J.; MARX, M. L. **An Introduction to Mathematical Statistics an its Aplications**. 3. ed. Upper Saddle River: Prentice-Hall, 2001.

LEVINE, D. M.; BERENSON, M. L.; STEPHAN, D. **Estatística**: teoria e aplicações usando Microsoft Excel em português. Tradução e revisão técnica de Teresa Cristina Padilha de Souza. Rio de Janeiro: LTC, 2000.

LIPSCHUTZ, S. **Probabilidade**. 3. ed. Tradução de R. B. Itacarabi. São Paulo: McGraw-Hill do Brasil, 1972. (Coleção Schaum).

MAGALHÃES, M. N. **Probabilidade e variáveis aleatórias**. 2. ed. São Paulo: Edusp, 2006.

MARQUES, J. M.; MARQUES, M. A. M. **Estatística básica para os cursos de engenharia**. Curitiba: Domínio do Saber, 2005.

MONTGOMERY, D. C.; RUNGER, G. C. **Estatística aplicada e probabilidade para engenheiros**. 2. ed. Tradução e revisão técnica de Verônica Calado. Rio de Janeiro: LTC, 2003.

MORETTIN, L. G. **Estatística básica**: inferência. São Paulo: M. Books, 2000. v. 2.

_____. G. **Estatística básica**: probabilidade. 7. ed. São Paulo: M. Books, 1999. v. 1.

PINHEIRO, J. I. D. et al. **Probabilidade e estatística**: quantificando a incerteza. Rio de Janeiro: Elsevier, 2012.

PISHRO-NIK, H. **Introduction to Probability, Statistics and Random Processes**. Blue Bell: Kappa Research LLC, 2014.

SPIEGEL, M. R.; SCHILLER, J.; SRINIVASAN, A. **Probabilidade e estatística**. 3. ed. Tradução técnica de Lori Viali. São Paulo: Bookman, 2013. (Coleção Schaum).

Bibliografia comentada

COSTA NETO, P. L. de O. **Estatística**. São Paulo: E. Blücher, 1977.
Esse livro apresenta conceitos básicos de estatística mediante uma boa fundamentação teórica. Contempla os temas dos Capítulos 1, 2, 3 e 5.

GUIMARÃES, I. A. **Estatística**. Notas de aulas. Disponível em: <http://paginapessoal.utfpr.edu.br/andruski/Estatistica-Notas-de-Aula.pdf/at_download/file>. Acesso em: 23 ago. 2019.
Nessa apostila, o Professor Inácio Andruski Guimarães aborda os principais temas da teoria das probabilidades, os quais foram examinados nos Capítulos 1, 2, 3 e 5 desta obra.

HOGG, R. V.; McKEAN, J. W.; CRAIG, A. T. **Introduction to Mathematical Statistics**. 6. ed. New Delhi: Pearson Education, 2007.
Esse livro é ideal para estudantes que dominam os conceitos estatísticos e desejam aprofundar-se na teoria das probabilidades. Ele apresenta os enfoques clássicos da teoria.

JAMES, B. R. **Probabilidade**: um curso em nível intermediário. 3. ed. Rio de Janeiro: Impa, 2010.
Trata-se de um clássico da área de estatística, ideal para estudantes com bom domínio dos conceitos estatísticos e que desejam aprofundar-se na teoria das probabilidades.

KAZMIER, L. J. **Estatística aplicada à economia e administração**. 4. ed. Tradução de Adriano Silva Vale Cardoso. Porto Alegre: Bookman, 2008. (Coleção Schaum).
Nessa obra, Leonard Kazmier aborda os conceitos estatísticos de forma simples, apresentando muitos exercícios de aplicação. Ela conta com os temas analisados nos Capítulos 1, 2, 3, 4 e 5 desta obra.

LARSEN, R. J.; MARX, M. L. **An Introduction to Mathematical Statistics an its Aplications**. 3. ed. Upper Saddle River: Prentice-Hall, 2001.
Esse livro é ideal para estudantes que dominam os conceitos estatísticos e desejam aprofundar-se na teoria das probabilidades. Ele apresenta os enfoques clássicos da teoria.

LEVINE, D. M.; BERENSON, M. L.; STEPHAN, D. **Estatística**: teoria e aplicações usando Microsoft Excel em português. Tradução e revisão técnica de Teresa Cristina Padilha de Souza. Rio de Janeiro: LTC, 2000.
Essa obra apresenta os conteúdos com linguagem simples, com muitos exercícios e aplicações. Faz uso do Excel para a resolução de exercícios. Conta com os conteúdos abordados nos Capítulos 1, 2, 3, 4 e 5 desta obra.

LIPSCHUTZ, S. **Probabilidade**. Tradução de R. B. Itacarabi. São Paulo: McGraw-Hill do Brasil, 1972. v. 1 (Coleção Schaum).

Essa obra de Seymour Lipschutz, também um clássico da área de probabilidade, conta com muitos exercícios resolvidos e contempla os temas vistos neste livro do Capítulo 1 ao 5.

MAGALHÃES, M. N. **Probabilidade e variáveis aleatórias**. 2. ed. São Paulo: Edusp, 2006.

Trata-se de um clássico da teoria das probabilidades, que conta com abordagem aprofundada dos conceitos.

MARQUES, J. M.; MARQUES, M. A. M. **Estatística básica para os cursos de engenharia**. Curitiba: Domínio do Saber, 2005.

Nessa obra, são abordados os conceitos da teoria das probabilidades de forma simples e direcionada para os cursos de engenharia. Ela conta com os conteúdos examinados nos Capítulos 1, 2, 3, 4 e 5 desta obra.

MORETTIN, L. G. **Estatística básica**: inferência. São Paulo: M. Books, 2000. v. 2.

____. **Estatística básica**: probabilidade. 7. ed. São Paulo: M. Books, 1999. v. 1.

Esses dois volumes compõem um clássico para os cursos de graduação que têm em sua grade a disciplina de Estatística. Contam com enfoque didático e clássico sobre a estatística básica. São analisados os conteúdos abordados nos Capítulos 1, 2, 3, 4 e 5 desta obra.

MONTGOMERY, D. C.; RUNGER, G. C. **Estatística aplicada e probabilidade para engenheiros**. 2. ed. Tradução e revisão técnica de Verônica Calado. Rio de Janeiro: LTC, 2003.

Esse livro esclarece a teoria das probabilidades por meio de uma fundamentação teórica bastante consistente, direcionada aos cursos de engenharia. Conta com os conteúdos examinados nos Capítulos 1, 2, 3, 4 e 5 desta obra.

PINHEIRO, J. I. D. et al. **Probabilidade e estatística**: quantificando a incerteza. Rio de Janeiro: Elsevier, 2012.

Esse livro é ideal para cursos de graduação que têm em sua grade a disciplina de Estatística, visto que apresenta boa fundamentação teórica e diversos exercícios resolvidos e aplicações. Contempla os conteúdos abordados nos Capítulos 1, 2, 3, 4 e 5 desta obra.

PISHRO-NIK, H. **Introduction to Probability, Statistics and Random Processes**. Blue Bell: Kappa Research LLC, 2014.

Esse livro fornece um tratamento teórico clássico para a teoria das probabilidades. Apresenta os conteúdos abordados no Capítulos 6 desta obra.

SPIEGEL, M. R.; SCHILLER, J.; SRINIVASAN, A. **Probabilidade e estatística**. 3. ed. Tradução técnica de Lori Viali. São Paulo: Bookman, 2013. (Coleção Schaum).

Trata-se de um clássico da área de probabilidade, que conta com muitos exercícios resolvidos. A obra aborda os temas vistos neste livro do Capítulo 1 ao 5.

Apêndice

Tabela A – Distribuição normal padronizada: $P(0 < z < z_\alpha) = \alpha$

z	0,00	0,01	0,02	0,03	0,04	0,05	0,06	0,07	0,08	0,09
0,0	0,0000	0,0040	0,0080	0,0120	0,0160	0,0199	0,0239	0,0279	0,0319	0,0359
0,1	0,0398	0,0438	0,0478	0,0517	0,0557	0,0596	0,0636	0,0675	0,0714	0,0753
0,2	0,0793	0,0832	0,0871	0,0910	0,0948	0,0987	0,1026	0,1064	0,1103	0,1141
0,3	0,1179	0,1217	0,1255	0,1293	0,1331	0,1368	0,1406	0,1443	0,1480	0,1517
0,4	0,1554	0,1591	0,1628	0,1664	0,1700	0,1736	0,1772	0,1808	0,1844	0,1879
0,5	0,1915	0,1950	0,1985	0,2019	0,2054	0,2088	0,2123	0,2157	0,2190	0,2224
0,6	0,2257	0,2291	0,2324	0,2357	0,2389	0,2422	0,2454	0,2486	0,2517	0,2549
0,7	0,2580	0,2611	0,2642	0,2673	0,2704	0,2734	0,2764	0,2794	0,2823	0,2852
0,8	0,2881	0,2910	0,2939	0,2967	0,2995	0,3023	0,3051	0,3078	0,3106	0,3133
0,9	0,3159	0,3186	0,3212	0,3238	0,3264	0,3289	0,3315	0,3340	0,3365	0,3389
1,0	0,3413	0,3438	0,3461	0,3485	0,3508	0,3531	0,3554	0,3577	0,3599	0,3621
1,1	0,3643	0,3665	0,3686	0,3708	0,3729	0,3749	0,3770	0,3790	0,3810	0,3830
1,2	0,3849	0,3869	0,3888	0,3907	0,3925	0,3944	0,3962	0,3980	0,3997	0,4015
1,3	0,4032	0,4049	0,4066	0,4082	0,4099	0,4115	0,4131	0,4147	0,4162	0,4177
1,4	0,4192	0,4207	0,4222	0,4236	0,4251	0,4265	0,4279	0,4292	0,4306	0,4319
1,5	0,4332	0,4345	0,4357	0,4370	0,4382	0,4394	0,4406	0,4418	0,4429	0,4441
1,6	0,4452	0,4463	0,4474	0,4484	0,4495	0,4505	0,4515	0,4525	0,4535	0,4545
1,7	0,4554	0,4564	0,4573	0,4582	0,4591	0,4599	0,4608	0,4616	0,4625	0,4633
1,8	0,4641	0,4649	0,4656	0,4664	0,4671	0,4678	0,4686	0,4693	0,4699	0,4706
1,9	0,4713	0,4719	0,4726	0,4732	0,4738	0,4744	0,4750	0,4756	0,4761	0,4767
2,0	0,4772	0,4778	0,4783	0,4788	0,4793	0,4798	0,4803	0,4808	0,4812	0,4817
2,1	0,4821	0,4826	0,4830	0,4834	0,4838	0,4842	0,4846	0,4850	0,4854	0,4857
2,2	0,4861	0,4864	0,4868	0,4871	0,4875	0,4878	0,4881	0,4884	0,4887	0,4890
2,3	0,4893	0,4896	0,4898	0,4901	0,4904	0,4906	0,4909	0,4911	0,4913	0,4916
2,4	0,4918	0,4920	0,4922	0,4925	0,4927	0,4929	0,4931	0,4932	0,4934	0,4936
2,5	0,4938	0,4940	0,4941	0,4943	0,4945	0,4946	0,4948	0,4949	0,4951	0,4952
2,6	0,4953	0,4955	0,4956	0,4957	0,4959	0,4960	0,4961	0,4962	0,4963	0,4964
2,7	0,4965	0,4966	0,4967	0,4968	0,4969	0,4970	0,4971	0,4972	0,4973	0,4974
2,8	0,4974	0,4975	0,4976	0,4977	0,4977	0,4978	0,4979	0,4979	0,4980	0,4981
2,9	0,4981	0,4982	0,4982	0,4983	0,4984	0,4984	0,4985	0,4985	0,4986	0,4986
3,0	0,4987	0,4987	0,4987	0,4988	0,4988	0,4989	0,4989	0,4989	0,4990	0,4990
3,1	0,4990	0,4991	0,4991	0,4991	0,4992	0,4992	0,4992	0,4992	0,4993	0,4993
3,2	0,4993	0,4993	0,4994	0,4994	0,4994	0,4994	0,4994	0,4995	0,4995	0,4995
3,3	0,4995	0,4995	0,4995	0,4996	0,4996	0,4996	0,4996	0,4996	0,4996	0,4997
3,4	0,4997	0,4997	0,4997	0,4997	0,4997	0,4997	0,4997	0,4997	0,4997	0,4998
3,5	0,4998	0,4998	0,4998	0,4998	0,4998	0,4998	0,4998	0,4998	0,4998	0,4998
3,6	0,4998	0,4998	0,4999	0,4999	0,4999	0,4999	0,4999	0,4999	0,4999	0,4999
3,7	0,4999	0,4999	0,4999	0,4999	0,4999	0,4999	0,4999	0,4999	0,4999	0,4999
3,8	0,4999	0,4999	0,4999	0,4999	0,4999	0,4999	0,4999	0,4999	0,4999	0,4999
3,9	0,5000	0,5000	0,5000	0,5000	0,5000	0,5000	0,5000	0,5000	0,5000	0,5000
4,0	0,5000	0,5000	0,5000	0,5000	0,5000	0,5000	0,5000	0,5000	0,5000	0,5000

Tabela B – Distribuição t de Student: $P(t > t_\alpha) = \alpha$

	0,1	0,05	0,025	0,01	0,005
1	3,0777	6,3137	12,7062	31,8210	63,6559
2	1,8856	2,9200	4,3027	6,9645	9,9250
3	1,6377	2,3534	3,1824	4,5407	5,8408
4	1,5332	2,1318	2,7765	3,7469	4,6041
5	1,4759	2,0150	2,5706	3,3649	4,0321
6	1,4398	1,9432	2,4469	3,1427	3,7074
7	1,4149	1,8946	2,3646	2,9979	3,4995
8	1,3968	1,8595	2,3060	2,8965	3,3554
9	1,3830	1,8331	2,2622	2,8214	3,2498
10	1,3722	1,8125	2,2281	2,7638	3,1693
11	1,3634	1,7959	2,2010	2,7181	3,1058
12	1,3562	1,7823	2,1788	2,6810	3,0545
13	1,3502	1,7709	2,1604	2,6503	3,0123
14	1,3450	1,7613	2,1448	2,6245	2,9768
15	1,3406	1,7531	2,1315	2,6025	2,9467
16	1,3368	1,7459	2,1199	2,5835	2,9208
17	1,3334	1,7396	2,1098	2,5669	2,8982
18	1,3304	1,7341	2,1009	2,5524	2,8784
19	1,3277	1,7291	2,0930	2,5395	2,8609
20	1,3253	1,7247	2,0860	2,5280	2,8453
21	1,3232	1,7207	2,0796	2,5176	2,8314
22	1,3212	1,7171	2,0739	2,5083	2,8188
23	1,3195	1,7139	2,0687	2,4999	2,8073
24	1,3178	1,7109	2,0639	2,4922	2,7970
25	1,3163	1,7081	2,0595	2,4851	2,7874
26	1,3150	1,7056	2,0555	2,4786	2,7787
27	1,3137	1,7033	2,0518	2,4727	2,7707
28	1,3125	1,7011	2,0484	2,4671	2,7633
29	1,3114	1,6991	2,0452	2,4620	2,7564
30	1,3104	1,6973	2,0423	2,4573	2,7500
35	1,3062	1,6896	2,0301	2,4377	2,7238
40	1,3031	1,6839	2,0211	2,4233	2,7045
45	1,3007	1,6794	2,0141	2,4121	2,6896
50	1,2987	1,6759	2,0086	2,4033	2,6778
60	1,2958	1,6706	2,0003	2,3901	2,6603
70	1,2938	1,6669	1,9944	2,3808	2,6479
80	1,2922	1,6641	1,9901	2,3739	2,6387
90	1,2910	1,6620	1,9867	2,3685	2,6316
100	1,2901	1,6602	1,9840	2,3642	2,6259
1000	1,2824	1,6464	1,9623	2,3301	2,5807

Tabela C – Distribuição χ^2 $P(\chi^2 > \chi^2_\alpha) = \alpha$

v \ α	0,995	0,99	0,975	0,95	0,9	0,75	0,667	0,6	0,5
1			0,001	0,004	0,016	0,102	0,185	0,275	0,455
2	0,010	0,020	0,051	0,103	0,211	0,575	0,810	1,022	1,386
3	0,072	0,115	0,216	0,352	0,584	1,213	1,567	1,869	2,366
4	0,207	0,297	0,484	0,711	1,064	1,923	2,376	2,753	3,357
5	0,412	0,554	0,831	1,145	1,610	2,675	3,214	3,656	4,351
6	0,676	0,872	1,237	1,635	2,204	3,455	4,072	4,570	5,348
7	0,989	1,239	1,690	2,167	2,833	4,255	4,942	5,493	6,346
8	1,344	1,647	2,180	2,733	3,490	5,071	5,823	6,423	7,344
9	1,735	2,088	2,700	3,325	4,168	5,899	6,713	7,357	8,343
10	2,156	2,558	3,247	3,940	4,865	6,737	7,609	8,295	9,342
11	2,603	3,053	3,816	4,575	5,578	7,584	8,510	9,237	10,341
12	3,074	3,571	4,404	5,226	6,304	8,438	9,417	10,182	11,340
13	3,565	4,107	5,009	5,892	7,041	9,299	10,327	11,129	12,340
14	4,075	4,660	5,629	6,571	7,790	10,165	11,241	12,078	13,339
15	4,601	5,229	6,262	7,261	8,547	11,037	12,158	13,030	14,339
16	5,142	5,812	6,908	7,962	9,312	11,912	13,079	13,983	15,338
17	5,697	6,408	7,564	8,672	10,085	12,792	14,001	14,937	16,338
18	6,265	7,015	8,231	9,390	10,865	13,675	14,927	15,893	17,338
19	6,844	7,633	8,907	10,117	11,651	14,562	15,854	16,850	18,338
20	7,434	8,260	9,591	10,851	12,443	15,452	16,783	17,809	19,337
21	8,034	8,897	10,283	11,591	13,240	16,344	17,714	18,768	20,337
22	8,643	9,542	10,982	12,338	14,041	17,240	18,647	19,729	21,337
23	9,260	10,196	11,689	13,091	14,848	18,137	19,582	20,690	22,337
24	9,886	10,856	12,401	13,848	15,659	19,037	20,517	21,652	23,337
25	10,520	11,524	13,120	14,611	16,473	19,939	21,455	22,616	24,337
26	11,160	12,198	13,844	15,379	17,292	20,843	22,393	23,579	25,336
27	11,808	12,878	14,573	16,151	18,114	21,749	23,333	24,544	26,336
28	12,461	13,565	15,308	16,928	18,939	22,657	24,274	25,509	27,336
29	13,121	14,256	16,047	17,708	19,768	23,567	25,216	26,475	28,336
30	13,787	14,953	16,791	18,493	20,599	24,478	26,159	27,442	29,336
35	17,192	18,509	20,569	22,465	24,797	29,054	30,887	32,282	34,336
40	20,707	22,164	24,433	26,509	29,051	33,660	35,635	37,134	39,335
50	27,991	29,707	32,357	34,764	37,689	42,942	45,175	46,864	49,335
60	35,534	37,485	40,482	43,188	46,459	52,294	54,760	56,620	59,335
70	43,275	45,442	48,758	51,739	55,329	61,698	64,379	66,396	69,334
80	51,172	53,540	57,153	60,391	64,278	71,145	74,024	76,188	79,334
90	59,196	61,754	65,647	69,126	73,291	80,625	83,692	85,993	89,334
100	67,328	70,065	74,222	77,929	82,358	90,133	93,377	95,808	99,334
120	83,852	86,923	91,573	95,705	100,624	109,220	112,792	115,465	119,334
150	109,142	112,668	117,985	122,692	128,275	137,983	142,001	145,000	149,334

0,4	0,333	0,25	0,1	0,05	0,025	0,01	0,005
0,708	0,937	1,323	2,706	3,841	5,024	6,635	7,879
1,833	2,199	2,773	4,605	5,991	7,378	9,210	10,597
2,946	3,407	4,108	6,251	7,815	9,348	11,345	12,838
4,045	4,581	5,385	7,779	9,488	11,143	13,277	14,860
5,132	5,734	6,626	9,236	11,070	12,832	15,086	16,750
6,211	6,870	7,841	10,645	12,592	14,449	16,812	18,548
7,283	7,995	9,037	12,017	14,067	16,013	18,475	20,278
8,351	9,111	10,219	13,362	15,507	17,535	20,090	21,955
9,414	10,220	11,389	14,684	16,919	19,023	21,666	23,589
10,473	11,322	12,549	15,987	18,307	20,483	23,209	25,188
11,530	12,419	13,701	17,275	19,675	21,920	24,725	26,757
12,584	13,511	14,845	18,549	21,026	23,337	26,217	28,300
13,636	14,600	15,984	19,812	22,362	24,736	27,688	29,819
14,685	15,685	17,117	21,064	23,685	26,119	29,141	31,319
15,733	16,767	18,245	22,307	24,996	27,488	30,578	32,801
16,780	17,846	19,369	23,542	26,296	28,845	32,000	34,267
17,824	18,922	20,489	24,769	27,587	30,191	33,409	35,718
18,868	19,997	21,605	25,989	28,869	31,526	34,805	37,156
19,910	21,069	22,718	27,204	30,144	32,852	36,191	38,582
20,951	22,139	23,828	28,412	31,410	34,170	37,566	39,997
21,992	23,208	24,935	29,615	32,671	35,479	38,932	41,401
23,031	24,275	26,039	30,813	33,924	36,781	40,289	42,796
24,069	25,340	27,141	32,007	35,172	38,076	41,638	44,181
25,106	26,404	28,241	33,196	36,415	39,364	42,980	45,558
26,143	27,466	29,339	34,382	37,652	40,646	44,314	46,928
27,179	28,528	30,435	35,563	38,885	41,923	45,642	48,290
28,214	29,588	31,528	36,741	40,113	43,195	46,963	49,645
29,249	30,646	32,620	37,916	41,337	44,461	48,278	50,994
30,283	31,704	33,711	39,087	42,557	45,722	49,588	52,335
31,316	32,761	34,800	40,256	43,773	46,979	50,892	53,672
36,475	38,032	40,223	46,059	49,802	53,203	57,342	60,275
41,622	43,283	45,616	51,805	55,758	59,342	63,691	66,766
51,892	53,743	56,334	63,167	67,505	71,420	76,154	79,490
62,135	64,157	66,981	74,397	79,082	83,298	88,379	91,952
72,358	74,538	77,577	85,527	90,531	95,023	100,425	104,215
82,566	84,892	88,130	96,578	101,879	106,629	112,329	116,321
92,761	95,225	98,650	107,565	113,145	118,136	124,116	128,299
102,946	105,540	109,141	118,498	124,342	129,561	135,807	140,170
123,289	126,124	130,055	140,233	146,567	152,211	158,950	163,648
153,753	156,915	161,291	172,581	179,581	185,800	193,207	198,360

Tabela D – Distribuição F (1%) $P(F > F_\alpha) = \alpha$

v_2 \ v_1	1	2	3	4	5	6	7	8	9
1	4052,2	4999,3	5403,5	5624,3	5764,0	5859,0	5928,3	5981,0	6022,4
2	98,502	99,000	99,164	99,251	99,302	99,331	99,357	99,375	99,390
3	34,116	30,816	29,457	28,710	28,237	27,911	27,671	27,489	27,345
4	21,198	18,000	16,694	15,977	15,522	15,207	14,976	14,799	14,659
5	16,258	13,274	12,060	11,392	10,967	10,672	10,456	10,289	10,158
6	13,745	10,925	9,780	9,148	8,746	8,466	8,260	8,102	7,976
7	12,246	9,547	8,451	7,847	7,460	7,191	6,993	6,840	6,719
8	11,259	8,649	7,591	7,006	6,632	6,371	6,178	6,029	5,911
9	10,562	8,022	6,992	6,422	6,057	5,802	5,613	5,467	5,351
10	10,044	7,559	6,552	5,994	5,636	5,386	5,200	5,057	4,942
11	9,646	7,206	6,217	5,668	5,316	5,069	4,886	4,744	4,632
12	9,330	6,927	5,953	5,412	5,064	4,821	4,640	4,499	4,388
13	9,074	6,701	5,739	5,205	4,862	4,620	4,441	4,302	4,191
14	8,862	6,515	5,564	5,035	4,695	4,456	4,278	4,140	4,030
15	8,683	6,359	5,417	4,893	4,556	4,318	4,142	4,004	3,895
16	8,531	6,226	5,292	4,773	4,437	4,202	4,026	3,890	3,780
17	8,400	6,112	5,185	4,669	4,336	4,101	3,927	3,791	3,682
18	8,285	6,013	5,092	4,579	4,248	4,015	3,841	3,705	3,597
19	8,185	5,926	5,010	4,500	4,171	3,939	3,765	3,631	3,523
20	8,096	5,849	4,938	4,431	4,103	3,871	3,699	3,564	3,457
21	8,017	5,780	4,874	4,369	4,042	3,812	3,640	3,506	3,398
22	7,945	5,719	4,817	4,313	3,988	3,758	3,587	3,453	3,346
23	7,881	5,664	4,765	4,264	3,939	3,710	3,539	3,406	3,299
24	7,823	5,614	4,718	4,218	3,895	3,667	3,496	3,363	3,256
25	7,770	5,568	4,675	4,177	3,855	3,627	3,457	3,324	3,217
26	7,721	5,526	4,637	4,140	3,818	3,591	3,421	3,288	3,182
27	7,677	5,488	4,601	4,106	3,785	3,558	3,388	3,256	3,149
28	7,636	5,453	4,568	4,074	3,754	3,528	3,358	3,226	3,120
29	7,598	5,420	4,538	4,045	3,725	3,499	3,330	3,198	3,092
30	7,562	5,390	4,510	4,018	3,699	3,473	3,305	3,173	3,067
40	7,314	5,178	4,313	3,828	3,514	3,291	3,124	2,993	2,888
50	7,171	5,057	4,199	3,720	3,408	3,186	3,020	2,890	2,785
60	7,077	4,977	4,126	3,649	3,339	3,119	2,953	2,823	2,718
70	7,011	4,922	4,074	3,600	3,291	3,071	2,906	2,777	2,672
80	6,963	4,881	4,036	3,563	3,255	3,036	2,871	2,742	2,637
90	6,925	4,849	4,007	3,535	3,228	3,009	2,845	2,715	2,611
100	6,895	4,824	3,984	3,513	3,206	2,988	2,823	2,694	2,590
110	6,871	4,803	3,965	3,495	3,188	2,970	2,806	2,677	2,573
120	6,851	4,787	3,949	3,480	3,174	2,956	2,792	2,663	2,559
150	6,807	4,749	3,915	3,447	3,142	2,924	2,761	2,632	2,528

10	12	15	20	25	30	40	60
6055,9	6106,7	6157,0	6208,7	6239,9	6260,4	6286,4	6313,0
99,397	99,419	99,433	99,448	99,459	99,466	99,477	99,484
27,228	27,052	26,872	26,690	26,579	26,504	26,411	26,316
14,546	14,374	14,198	14,019	13,911	13,838	13,745	13,652
10,051	9,888	9,722	9,553	9,449	9,379	9,291	9,202
7,874	7,718	7,559	7,396	7,296	7,229	7,143	7,057
6,620	6,469	6,314	6,155	6,058	5,992	5,908	5,824
5,814	5,667	5,515	5,359	5,263	5,198	5,116	5,032
5,257	5,111	4,962	4,808	4,713	4,649	4,567	4,483
4,849	4,706	4,558	4,405	4,311	4,247	4,165	4,082
4,539	4,397	4,251	4,099	4,005	3,941	3,860	3,776
4,296	4,155	4,010	3,858	3,765	3,701	3,619	3,535
4,100	3,960	3,815	3,665	3,571	3,507	3,425	3,341
3,939	3,800	3,656	3,505	3,412	3,348	3,266	3,181
3,805	3,666	3,522	3,372	3,278	3,214	3,132	3,047
3,691	3,553	3,409	3,259	3,165	3,101	3,018	2,933
3,593	3,455	3,312	3,162	3,068	3,003	2,920	2,835
3,508	3,371	3,227	3,077	2,983	2,919	2,835	2,749
3,434	3,297	3,153	3,003	2,909	2,844	2,761	2,674
3,368	3,231	3,088	2,938	2,843	2,778	2,695	2,608
3,310	3,173	3,030	2,880	2,785	2,720	2,636	2,548
3,258	3,121	2,978	2,827	2,733	2,667	2,583	2,495
3,211	3,074	2,931	2,780	2,686	2,620	2,536	2,447
3,168	3,032	2,889	2,738	2,643	2,577	2,492	2,403
3,129	2,993	2,850	2,699	2,604	2,538	2,453	2,364
3,094	2,958	2,815	2,664	2,569	2,503	2,417	2,327
3,062	2,926	2,783	2,632	2,536	2,470	2,384	2,294
3,032	2,896	2,753	2,602	2,506	2,440	2,354	2,263
3,005	2,868	2,726	2,574	2,478	2,412	2,325	2,234
2,979	2,843	2,700	2,549	2,453	2,386	2,299	2,208
2,801	2,665	2,522	2,369	2,271	2,203	2,114	2,019
2,698	2,563	2,419	2,265	2,167	2,098	2,007	1,909
2,632	2,496	2,352	2,198	2,098	2,028	1,936	1,836
2,585	2,450	2,306	2,150	2,050	1,980	1,886	1,785
2,551	2,415	2,271	2,115	2,015	1,944	1,849	1,746
2,524	2,389	2,244	2,088	1,987	1,916	1,820	1,716
2,503	2,368	2,223	2,067	1,965	1,893	1,797	1,692
2,486	2,350	2,206	2,049	1,947	1,875	1,778	1,672
2,472	2,336	2,191	2,035	1,932	1,860	1,763	1,656
2,441	2,305	2,160	2,003	1,900	1,827	1,729	1,620

Tabela E – Distribuição F (2,5%)

v_2 \ v_1	1	2	3	4	5	6	7	8	9
1	647,793	799,482	864,151	899,599	921,835	937,114	948,203	956,643	963,279
2	38,506	39,000	39,166	39,248	39,298	39,331	39,356	39,373	39,387
3	17,443	16,044	15,439	15,101	14,885	14,735	14,624	14,540	14,473
4	12,218	10,649	9,979	9,604	9,364	9,197	9,074	8,980	8,905
5	10,007	8,434	7,764	7,388	7,146	6,978	6,853	6,757	6,681
6	8,813	7,260	6,599	6,227	5,988	5,820	5,695	5,600	5,523
7	8,073	6,542	5,890	5,523	5,285	5,119	4,995	4,899	4,823
8	7,571	6,059	5,416	5,053	4,817	4,652	4,529	4,433	4,357
9	7,209	5,715	5,078	4,718	4,484	4,320	4,197	4,102	4,026
10	6,937	5,456	4,826	4,468	4,236	4,072	3,950	3,855	3,779
11	6,724	5,256	4,630	4,275	4,044	3,881	3,759	3,664	3,588
12	6,554	5,096	4,474	4,121	3,891	3,728	3,607	3,512	3,436
13	6,414	4,965	4,347	3,996	3,767	3,604	3,483	3,388	3,312
14	6,298	4,857	4,242	3,892	3,663	3,501	3,380	3,285	3,209
15	6,200	4,765	4,153	3,804	3,576	3,415	3,293	3,199	3,123
16	6,115	4,687	4,077	3,729	3,502	3,341	3,219	3,125	3,049
17	6,042	4,619	4,011	3,665	3,438	3,277	3,156	3,061	2,985
18	5,978	4,560	3,954	3,608	3,382	3,221	3,100	3,005	2,929
19	5,922	4,508	3,903	3,559	3,333	3,172	3,051	2,956	2,880
20	5,871	4,461	3,859	3,515	3,289	3,128	3,007	2,913	2,837
21	5,827	4,420	3,819	3,475	3,250	3,090	2,969	2,874	2,798
22	5,786	4,383	3,783	3,440	3,215	3,055	2,934	2,839	2,763
23	5,750	4,349	3,750	3,408	3,183	3,023	2,902	2,808	2,731
24	5,717	4,319	3,721	3,379	3,155	2,995	2,874	2,779	2,703
25	5,686	4,291	3,694	3,353	3,129	2,969	2,848	2,753	2,677
26	5,659	4,265	3,670	3,329	3,105	2,945	2,824	2,729	2,653
27	5,633	4,242	3,647	3,307	3,083	2,923	2,802	2,707	2,631
28	5,610	4,221	3,626	3,286	3,063	2,903	2,782	2,687	2,611
29	5,588	4,201	3,607	3,267	3,044	2,884	2,763	2,669	2,592
30	5,568	4,182	3,589	3,250	3,026	2,867	2,746	2,651	2,575
40	5,424	4,051	3,463	3,126	2,904	2,744	2,624	2,529	2,452
50	5,340	3,975	3,390	3,054	2,833	2,674	2,553	2,458	2,381
60	5,286	3,925	3,343	3,008	2,786	2,627	2,507	2,412	2,334
70	5,247	3,890	3,309	2,975	2,754	2,595	2,474	2,379	2,302
80	5,218	3,864	3,284	2,950	2,730	2,571	2,450	2,355	2,277
90	5,196	3,844	3,265	2,932	2,711	2,552	2,432	2,336	2,259
100	5,179	3,828	3,250	2,917	2,696	2,537	2,417	2,321	2,244
110	5,164	3,815	3,237	2,904	2,684	2,525	2,405	2,309	2,232
120	5,152	3,805	3,227	2,894	2,674	2,515	2,395	2,299	2,222
150	5,126	3,781	3,204	2,872	2,652	2,494	2,373	2,278	2,200

10	12	15	20	25	30	40	60
968,634	976,725	984,874	993,081	998,087	1 001,40	1 005,60	1 009,79
39,398	39,415	39,431	39,448	39,458	39,465	39,473	39,481
14,419	14,337	14,253	14,167	14,115	14,081	14,036	13,992
8,844	8,751	8,657	8,560	8,501	8,461	8,411	8,360
6,619	6,525	6,428	6,329	6,268	6,227	6,175	6,123
5,461	5,366	5,269	5,168	5,107	5,065	5,012	4,959
4,761	4,666	4,568	4,467	4,405	4,362	4,309	4,254
4,295	4,200	4,101	3,999	3,937	3,894	3,840	3,784
3,964	3,868	3,769	3,667	3,604	3,560	3,505	3,449
3,717	3,621	3,522	3,419	3,355	3,311	3,255	3,198
3,526	3,430	3,330	3,226	3,162	3,118	3,061	3,004
3,374	3,277	3,177	3,073	3,008	2,963	2,906	2,848
3,250	3,153	3,053	2,948	2,882	2,837	2,780	2,720
3,147	3,050	2,949	2,844	2,778	2,732	2,674	2,614
3,060	2,963	2,862	2,756	2,689	2,644	2,585	2,524
2,986	2,889	2,788	2,681	2,614	2,568	2,509	2,447
2,922	2,825	2,723	2,616	2,548	2,502	2,442	2,380
2,866	2,769	2,667	2,559	2,491	2,445	2,384	2,321
2,817	2,720	2,617	2,509	2,441	2,394	2,333	2,270
2,774	2,676	2,573	2,464	2,396	2,349	2,287	2,223
2,735	2,637	2,534	2,425	2,356	2,308	2,246	2,182
2,700	2,602	2,498	2,389	2,320	2,272	2,210	2,145
2,668	2,570	2,466	2,357	2,287	2,239	2,176	2,111
2,640	2,541	2,437	2,327	2,257	2,209	2,146	2,080
2,613	2,515	2,411	2,300	2,230	2,182	2,118	2,052
2,590	2,491	2,387	2,276	2,205	2,157	2,093	2,026
2,568	2,469	2,364	2,253	2,183	2,133	2,069	2,002
2,547	2,448	2,344	2,232	2,161	2,112	2,048	1,980
2,529	2,430	2,325	2,213	2,142	2,092	2,028	1,959
2,511	2,412	2,307	2,195	2,124	2,074	2,009	1,940
2,388	2,288	2,182	2,068	1,994	1,943	1,875	1,803
2,317	2,216	2,109	1,993	1,919	1,866	1,796	1,721
2,270	2,169	2,061	1,944	1,869	1,815	1,744	1,667
2,237	2,136	2,028	1,910	1,833	1,779	1,707	1,628
2,213	2,111	2,003	1,884	1,807	1,752	1,679	1,599
2,194	2,092	1,983	1,864	1,787	1,731	1,657	1,576
2,179	2,077	1,968	1,849	1,770	1,715	1,640	1,558
2,167	2,065	1,955	1,836	1,757	1,701	1,626	1,542
2,157	2,055	1,945	1,825	1,746	1,690	1,614	1,530
2,135	2,032	1,922	1,801	1,722	1,665	1,588	1,502

Tabela F – Distribuição F (5%)

$v_2 \backslash v_1$	1	2	3	4	5	6	7	8	9
1	161,446	199,499	215,707	224,583	230,160	233,988	236,767	238,884	240,543
2	18,513	19,000	19,164	19,247	19,296	19,329	19,353	19,371	19,385
3	10,128	9,552	9,277	9,117	9,013	8,941	8,887	8,845	8,812
4	7,709	6,944	6,591	6,388	6,256	6,163	6,094	6,041	5,999
5	6,608	5,786	5,409	5,192	5,050	4,950	4,876	4,818	4,772
6	5,987	5,143	4,757	4,534	4,387	4,284	4,207	4,147	4,099
7	5,591	4,737	4,347	4,120	3,972	3,866	3,787	3,726	3,677
8	5,318	4,459	4,066	3,838	3,688	3,581	3,500	3,438	3,388
9	5,117	4,256	3,863	3,633	3,482	3,374	3,293	3,230	3,179
10	4,965	4,103	3,708	3,478	3,326	3,217	3,135	3,072	3,020
11	4,844	3,982	3,587	3,357	3,204	3,095	3,012	2,948	2,896
12	4,747	3,885	3,490	3,259	3,106	2,996	2,913	2,849	2,796
13	4,667	3,806	3,411	3,179	3,025	2,915	2,832	2,767	2,714
14	4,600	3,739	3,344	3,112	2,958	2,848	2,764	2,699	2,646
15	4,543	3,682	3,287	3,056	2,901	2,790	2,707	2,641	2,588
16	4,494	3,634	3,239	3,007	2,852	2,741	2,657	2,591	2,538
17	4,451	3,592	3,197	2,965	2,810	2,699	2,614	2,548	2,494
18	4,414	3,555	3,160	2,928	2,773	2,661	2,577	2,510	2,456
19	4,381	3,522	3,127	2,895	2,740	2,628	2,544	2,477	2,423
20	4,351	3,493	3,098	2,866	2,711	2,599	2,514	2,447	2,393
21	4,325	3,467	3,072	2,840	2,685	2,573	2,488	2,420	2,366
22	4,301	3,443	3,049	2,817	2,661	2,549	2,464	2,397	2,342
23	4,279	3,422	3,028	2,796	2,640	2,528	2,442	2,375	2,320
24	4,260	3,403	3,009	2,776	2,621	2,508	2,423	2,355	2,300
25	4,242	3,385	2,991	2,759	2,603	2,490	2,405	2,337	2,282
26	4,225	3,369	2,975	2,743	2,587	2,474	2,388	2,321	2,265
27	4,210	3,354	2,960	2,728	2,572	2,459	2,373	2,305	2,250
28	4,196	3,340	2,947	2,714	2,558	2,445	2,359	2,291	2,236
29	4,183	3,328	2,934	2,701	2,545	2,432	2,346	2,278	2,223
30	4,171	3,316	2,922	2,690	2,534	2,421	2,334	2,266	2,211
40	4,085	3,232	2,839	2,606	2,449	2,336	2,249	2,180	2,124
50	4,034	3,183	2,790	2,557	2,400	2,286	2,199	2,130	2,073
60	4,001	3,150	2,758	2,525	2,368	2,254	2,167	2,097	2,040
70	3,978	3,128	2,736	2,503	2,346	2,231	2,143	2,074	2,017
80	3,960	3,111	2,719	2,486	2,329	2,214	2,126	2,056	1,999
90	3,947	3,098	2,706	2,473	2,316	2,201	2,113	2,043	1,986
100	3,936	3,087	2,696	2,463	2,305	2,191	2,103	2,032	1,975
110	3,927	3,079	2,687	2,454	2,297	2,182	2,094	2,024	1,966
120	3,920	3,072	2,680	2,447	2,290	2,175	2,087	2,016	1,959
150	3,904	3,056	2,665	2,432	2,274	2,160	2,071	2,001	1,943

10	12	15	20	25	30	40	60
241,882	243,905	245,949	248,016	249,260	250,096	251,144	252,196
19,396	19,412	19,429	19,446	19,456	19,463	19,471	19,479
8,785	8,745	8,703	8,660	8,634	8,617	8,594	8,572
5,964	5,912	5,858	5,803	5,769	5,746	5,717	5,688
4,735	4,678	4,619	4,558	4,521	4,496	4,464	4,431
4,060	4,000	3,938	3,874	3,835	3,808	3,774	3,740
3,637	3,575	3,511	3,445	3,404	3,376	3,340	3,304
3,347	3,284	3,218	3,150	3,108	3,079	3,043	3,005
3,137	3,073	3,006	2,936	2,893	2,864	2,826	2,787
2,978	2,913	2,845	2,774	2,730	2,700	2,661	2,621
2,854	2,788	2,719	2,646	2,601	2,570	2,531	2,490
2,753	2,687	2,617	2,544	2,498	2,466	2,426	2,384
2,671	2,604	2,533	2,459	2,412	2,380	2,339	2,297
2,602	2,534	2,463	2,388	2,341	2,308	2,266	2,223
2,544	2,475	2,403	2,328	2,280	2,247	2,204	2,160
2,494	2,425	2,352	2,276	2,227	2,194	2,151	2,106
2,450	2,381	2,308	2,230	2,181	2,148	2,104	2,058
2,412	2,342	2,269	2,191	2,141	2,107	2,063	2,017
2,378	2,308	2,234	2,155	2,106	2,071	2,026	1,980
2,348	2,278	2,203	2,124	2,074	2,039	1,994	1,946
2,321	2,250	2,176	2,096	2,045	2,010	1,965	1,916
2,297	2,226	2,151	2,071	2,020	1,984	1,938	1,889
2,275	2,204	2,128	2,048	1,996	1,961	1,914	1,865
2,255	2,183	2,108	2,027	1,975	1,939	1,892	1,842
2,236	2,165	2,089	2,007	1,955	1,919	1,872	1,822
2,220	2,148	2,072	1,990	1,938	1,901	1,853	1,803
2,204	2,132	2,056	1,974	1,921	1,884	1,836	1,785
2,190	2,118	2,041	1,959	1,906	1,869	1,820	1,769
2,177	2,104	2,027	1,945	1,891	1,854	1,806	1,754
2,165	2,092	2,015	1,932	1,878	1,841	1,792	1,740
2,077	2,003	1,924	1,839	1,783	1,744	1,693	1,637
2,026	1,952	1,871	1,784	1,727	1,687	1,634	1,576
1,993	1,917	1,836	1,748	1,690	1,649	1,594	1,534
1,969	1,893	1,812	1,722	1,664	1,622	1,566	1,505
1,951	1,875	1,793	1,703	1,644	1,602	1,545	1,482
1,938	1,861	1,779	1,688	1,629	1,586	1,528	1,465
1,927	1,850	1,768	1,676	1,616	1,573	1,515	1,450
1,918	1,841	1,758	1,667	1,606	1,563	1,504	1,439
1,910	1,834	1,750	1,659	1,598	1,554	1,495	1,429
1,894	1,817	1,734	1,641	1,580	1,535	1,475	1,407

Tabela G – Distribuição F (10%)

v_2\v_1	1	2	3	4	5	6	7	8	9
1	39,864	49,500	53,593	55,833	57,240	58,204	58,906	59,439	59,857
2	8,526	9,000	9,162	9,243	9,293	9,326	9,349	9,367	9,381
3	5,538	5,462	5,391	5,343	5,309	5,285	5,266	5,252	5,240
4	4,545	4,325	4,191	4,107	4,051	4,010	3,979	3,955	3,936
5	4,060	3,780	3,619	3,520	3,453	3,405	3,368	3,339	3,316
6	3,776	3,463	3,289	3,181	3,108	3,055	3,014	2,983	2,958
7	3,589	3,257	3,074	2,961	2,883	2,827	2,785	2,752	2,725
8	3,458	3,113	2,924	2,806	2,726	2,668	2,624	2,589	2,561
9	3,360	3,006	2,813	2,693	2,611	2,551	2,505	2,469	2,440
10	3,285	2,924	2,728	2,605	2,522	2,461	2,414	2,377	2,347
11	3,225	2,860	2,660	2,536	2,451	2,389	2,342	2,304	2,274
12	3,177	2,807	2,606	2,480	2,394	2,331	2,283	2,245	2,214
13	3,136	2,763	2,560	2,434	2,347	2,283	2,234	2,195	2,164
14	3,102	2,726	2,522	2,395	2,307	2,243	2,193	2,154	2,122
15	3,073	2,695	2,490	2,361	2,273	2,208	2,158	2,119	2,086
16	3,048	2,668	2,462	2,333	2,244	2,178	2,128	2,088	2,055
17	3,026	2,645	2,437	2,308	2,218	2,152	2,102	2,061	2,028
18	3,007	2,624	2,416	2,286	2,196	2,130	2,079	2,038	2,005
19	2,990	2,606	2,397	2,266	2,176	2,109	2,058	2,017	1,984
20	2,975	2,589	2,380	2,249	2,158	2,091	2,040	1,999	1,965
21	2,961	2,575	2,365	2,233	2,142	2,075	2,023	1,982	1,948
22	2,949	2,561	2,351	2,219	2,128	2,060	2,008	1,967	1,933
23	2,937	2,549	2,339	2,207	2,115	2,047	1,995	1,953	1,919
24	2,927	2,538	2,327	2,195	2,103	2,035	1,983	1,941	1,906
25	2,918	2,528	2,317	2,184	2,092	2,024	1,971	1,929	1,895
26	2,909	2,519	2,307	2,174	2,082	2,014	1,961	1,919	1,884
27	2,901	2,511	2,299	2,165	2,073	2,005	1,952	1,909	1,874
28	2,894	2,503	2,291	2,157	2,064	1,996	1,943	1,900	1,865
29	2,887	2,495	2,283	2,149	2,057	1,988	1,935	1,892	1,857
30	2,881	2,489	2,276	2,142	2,049	1,980	1,927	1,884	1,849
40	2,835	2,440	2,226	2,091	1,997	1,927	1,873	1,829	1,793
50	2,809	2,412	2,197	2,061	1,966	1,895	1,840	1,796	1,760
60	2,791	2,393	2,177	2,041	1,946	1,875	1,819	1,775	1,738
70	2,779	2,380	2,164	2,027	1,931	1,860	1,804	1,760	1,723
80	2,769	2,370	2,154	2,016	1,921	1,849	1,793	1,748	1,711
90	2,762	2,363	2,146	2,008	1,912	1,841	1,785	1,739	1,702
100	2,756	2,356	2,139	2,002	1,906	1,834	1,778	1,732	1,695
110	2,752	2,351	2,134	1,997	1,900	1,828	1,772	1,727	1,689
120	2,748	2,347	2,130	1,992	1,896	1,824	1,767	1,722	1,684
150	2,739	2,338	2,121	1,983	1,886	1,814	1,757	1,712	1,674

10	12	15	20	25	30	40	60
60,195	60,705	61,220	61,740	62,055	62,265	62,529	62,794
9,392	9,408	9,425	9,441	9,451	9,458	9,466	9,475
5,230	5,216	5,200	5,184	5,175	5,168	5,160	5,151
3,920	3,896	3,870	3,844	3,828	3,817	3,804	3,790
3,297	3,268	3,238	3,207	3,187	3,174	3,157	3,140
2,937	2,905	2,871	2,836	2,815	2,800	2,781	2,762
2,703	2,668	2,632	2,595	2,571	2,555	2,535	2,514
2,538	2,502	2,464	2,425	2,400	2,383	2,361	2,339
2,416	2,379	2,340	2,298	2,272	2,255	2,232	2,208
2,323	2,284	2,244	2,201	2,174	2,155	2,132	2,107
2,248	2,209	2,167	2,123	2,095	2,076	2,052	2,026
2,188	2,147	2,105	2,060	2,031	2,011	1,986	1,960
2,138	2,097	2,053	2,007	1,978	1,958	1,931	1,904
2,095	2,054	2,010	1,962	1,933	1,912	1,885	1,857
2,059	2,017	1,972	1,924	1,894	1,873	1,845	1,817
2,028	1,985	1,940	1,891	1,860	1,839	1,811	1,782
2,001	1,958	1,912	1,862	1,831	1,809	1,781	1,751
1,977	1,933	1,887	1,837	1,805	1,783	1,754	1,723
1,956	1,912	1,865	1,814	1,782	1,759	1,730	1,699
1,937	1,892	1,845	1,794	1,761	1,738	1,708	1,677
1,920	1,875	1,827	1,776	1,742	1,719	1,689	1,657
1,904	1,859	1,811	1,759	1,726	1,702	1,671	1,639
1,890	1,845	1,796	1,744	1,710	1,686	1,655	1,622
1,877	1,832	1,783	1,730	1,696	1,672	1,641	1,607
1,866	1,820	1,771	1,718	1,683	1,659	1,627	1,593
1,855	1,809	1,760	1,706	1,671	1,647	1,615	1,581
1,845	1,799	1,749	1,695	1,660	1,636	1,603	1,569
1,836	1,790	1,740	1,685	1,650	1,625	1,592	1,558
1,827	1,781	1,731	1,676	1,640	1,616	1,583	1,547
1,819	1,773	1,722	1,667	1,632	1,606	1,573	1,538
1,763	1,715	1,662	1,605	1,568	1,541	1,506	1,467
1,729	1,680	1,627	1,568	1,529	1,502	1,465	1,424
1,707	1,657	1,603	1,543	1,504	1,476	1,437	1,395
1,691	1,641	1,587	1,526	1,486	1,457	1,418	1,374
1,680	1,629	1,574	1,513	1,472	1,443	1,403	1,358
1,670	1,620	1,564	1,503	1,461	1,432	1,391	1,346
1,663	1,612	1,557	1,494	1,453	1,423	1,382	1,336
1,657	1,606	1,550	1,488	1,446	1,415	1,374	1,327
1,652	1,601	1,545	1,482	1,440	1,409	1,368	1,320
1,642	1,590	1,533	1,470	1,427	1,396	1,353	1,305

Respostas

CAPÍTULO 1

Atividades de autoavaliação

1)
$$P(S/A) = \frac{P(S \cap A)}{P(A)} = \frac{P(S) \cdot P(A/S)}{P(A \cap S) + P(A \cap S^c)} = \frac{\frac{1}{2} \cdot 1}{P(S) \cdot P(A/S) + P(S^c) \cdot P(AS^c)}$$

$$= \frac{\frac{1}{2}}{\frac{1}{2} \cdot 1 + \frac{1}{2} \cdot \frac{1}{5}} = \frac{\frac{1}{2}}{\frac{6}{10}} = \frac{5}{6}$$

2)
$$\frac{30}{100} \text{ e } P(B/V) = \frac{P(B) \cdot P(V/B)}{P(V)} = \frac{\frac{1}{4} \cdot \frac{15}{25}}{\frac{30}{100}} = \frac{\frac{15}{100}}{\frac{30}{100}} = \frac{15}{30} = \frac{1}{2}$$

3)
$$P(H/F) = \frac{P(H \cap F)}{P(F)} = \frac{P(H) \cdot P(F/H)}{P(H \cap F) + P(M \cap F)} = \frac{0{,}51 \cdot 0{,}095}{P(H) \cdot P(F/H) + P(M) \cdot P(F/M)}$$

$$= \frac{0{,}04845}{0{,}51 \cdot 0{,}95 + 0{,}49 \cdot 0{,}017} = \frac{0{,}04845}{0{,}5678} = 0{,}085329$$

4)
    a. 0,09

    b. 0,19

5) $\Omega = \{A-, A+, B-, B+, AB-, AB+, O-, O+\}$

6)
    a. $\frac{91}{276}$

    b. $\frac{15}{92}$

    c. $\frac{35}{69}$

    d. $\frac{35}{69}$

7)
- a. $\frac{2}{11}$
- b. $\frac{8}{15}$
- c. $\frac{1}{2}$
- d. $\frac{13}{22}$
- e. $\frac{5}{66}$
- f. $\frac{51}{66}$

8)
- a. $\frac{5}{52}$
- b. $\frac{12}{169}$
- c. $\frac{93}{221}$

9)
- a. $\frac{1}{6}$
- b. $\frac{2}{27}$
- c. $\frac{1}{5}$
- d. $\frac{1}{15}$
- e. $\frac{1}{2}$

10) $P(B) = P(BU1) \cdot P(B) + P(VU1) \cdot P((P(B)) = \frac{10}{30} \cdot \frac{9}{21} + \frac{12}{30} \cdot \frac{8}{21} = \frac{31}{105} + P$

11)
- a. $\frac{1}{10}$
- b. $\frac{1}{3}$
- c. $\frac{3}{5}$
- d. $\frac{9}{10}$
- e. $P(A \cup B)^c = \frac{3}{5}$
- f. $\frac{6}{7}$

12)
a. $\dfrac{19}{2\,695}$

b. $\dfrac{632}{4\,851}$

13) 0,16

14)
a. $R \cdot P(A/B) = \dfrac{P(A) \cdot P(B/A)}{P(B)} = \dfrac{\dfrac{1}{3} \cdot \dfrac{2}{6}}{\dfrac{1}{3} \cdot \dfrac{2}{6} + \dfrac{1}{3} \cdot \dfrac{4}{6} + \dfrac{1}{3} \cdot \dfrac{3}{6}} = \dfrac{\dfrac{1}{9}}{\dfrac{9}{18}} = \dfrac{1}{9} \cdot 2 = \dfrac{2}{9}$

b. $P(A/V) = \dfrac{P(A) \cdot P(B/V)}{P(V)} = \dfrac{\dfrac{1}{3} \cdot \dfrac{4}{6}}{\dfrac{1}{3} \cdot \dfrac{4}{6} + \dfrac{1}{3} \cdot \dfrac{2}{6} + \dfrac{1}{3} \cdot \dfrac{3}{6}} = \dfrac{4}{9}$

15)
B: a bola transferida é branca
V: a bola transferida é vermelha
UBB: bola branca da urna B

$P(B) = P(B) \cdot P(UBB/V) + P(V) \cdot P(UBB/V) = \dfrac{2}{5} \cdot \dfrac{11}{15} + \dfrac{3}{5} \cdot \dfrac{10}{15} = \dfrac{52}{75}$

Atividades de aprendizagem

Questões para reflexão

1) $P(E) = P(A) \cdot P(E/A) + P(B) \cdot P(E/B) = 0{,}7 \cdot 0{,}95 + 0{,}3 \cdot 0{,}99 = 0{,}962$

2)
a. $\dfrac{1}{3}$
b. $\dfrac{1}{5}$
c. $\dfrac{5}{7}$
d. 1
e. $\dfrac{1}{7}$

Atividade aplicada: prática

1) Sempre que se aumenta o número de lançamentos de um Evento A, a probabilidade tende a ser igual a P(A).

CAPÍTULO 2

Atividades de autoavaliação

1)   e

2)
     a. 11,25

     b. 2,812

     c. 1,677

     d. 8,01%

     e. $\cong 0$

3)   0,5939

4)   0,4493

5)
     a. 10

     b. 0,00004495

6) $0,05^4$

7)
     a. 0,3277

     b. 0,9933

     c. 0,26272

8)
     a. 0,3174

     b. 0,0777...

9) $\mu = 120$ e $\sigma = 9,8$

10)   0,9596

11)
- a. R$ 3.958,50 e R$ 356.265,00.
- b. R$ 450.000,00.
- c. Sim.

12)
- a. 2
- b. 0,20136
- c. 0,8791

13)
- a. 0,0625
- b. 0,5625
- c. 0,4375

14)
- a. 0,08192
- b. 0,035232

15)
- a. 0,018923
- b. 0,005337

16) $P(X_A = 1, X_B = 2, X_C = 3) = \dfrac{6!}{1!2!3!} \cdot 0,2^1 \cdot 0,3^2 \cdot 0,5^3 = 0,135$

17) $P(X_E = 2, X_C = 3, X_O = 3, X_P = 2) = \dfrac{10!}{2!3!3!2!} \cdot 0,25^2 \cdot 0,25^3 \cdot 0,25^3 \cdot 0,25^2 = 0,024$

18) 0,0135

19) 0,13

20) 0,0578

21) $\mu = 2,3 \; P(X \geq 3) = 0,40396$

22)
   a. 0,0655
   b. 0,0575

23)
   a. 0,0067379
   b. 10
   c. 0,12511

24) 0,10082 ou 0,10099 (binomial)

25)
   a. $0,26 + 0,31 + 0,22 = 0,79$
   b. $\bar{x} = 5,8$ e $s = 1,2570$

   A média de filhotes com mais de 6 meses é de 5,8, com variação (desvio padrão) de 1,257 filhote.

Atividades de aprendizagem

Questões para reflexão

1) 15,8%

2)
   a. 1,7292
   b. 0,2653
   c. 0,484232

Atividade aplicada: prática

1)
   a. 0,0001066
   b. $\cong 0$
   c. $\cong 5,196$

CAPÍTULO 3

Atividades de autoavaliação

1)

a. $f_X(x) = \begin{cases} \dfrac{1}{20}, & 20 \leq x \leq 40 \\ 0, & \text{caso contrário} \end{cases}$

$E(X) = 30 \ \mu m$ e $\sigma = \sqrt{Var(X)} = \dfrac{20}{\sqrt{12}} = 5{,}77 \ \mu m$

$F(X) = \begin{cases} 0, & \text{se } x < 20 \\ \dfrac{x - 20}{20}, & \text{se } 20 \leq x \leq 40 \\ 0, & \text{se } x > 40 \end{cases}$

$P(X \leq 35) = 0{,}75$

2)

a. $P(X \leq 7) = 0{,}60$

b. $P(4 \leq X \leq 8) = 0{,}40$

c. $E(X) = \dfrac{1 + 11}{2} = 6$, $Var(X) = \dfrac{(11 - 1)^2}{12} = 8{,}33$, $\sigma = \sqrt{8{,}33} = 2{,}89$

3)

$f_X(x) = \begin{cases} \dfrac{1}{2}, & \text{se } 0 \leq x \leq 2 \\ 0, & \text{caso contrário} \end{cases}$

a. $P(X \geq 0) = 1$

b. $P\left(1 \leq X \leq \dfrac{3}{2}\right) = \dfrac{1}{4}$

c. $E(X) = 1$, $Var(X) = \dfrac{1}{3}$ e $\sigma = \sqrt{\dfrac{1}{3}}$

4)

a. $k = \dfrac{4}{27}$

b. $E(X) = \dfrac{9}{5}$, $Var(X) = \dfrac{9}{25}$ e $\sigma = \dfrac{3}{5}$

c. $\dfrac{13}{27}$

5)
- **a.** $k = \frac{3}{8}$
- **b.** $E(X) = \frac{97}{60}$
- **c.** $\frac{5}{8}$

6)
- **a.** $\frac{1}{2}$
- **b.** $\frac{1}{6}$

7)
A: 6,68% alunos
B: 9,18% alunos
C: 14,99% alunos
D: 69,15% alunos

8) 0,1056

9)
- **a.** 0,0062
- **b.** 0,4648
- **c.** 0,5

10)
- **a.** 0,6827
- **b.** 0,0668
- **c.** 0,6914
- **d.** 0,3753

11)
- **a.** 947,5 mL
- **b.** 1 275,5 mL²

12)
- a. 94,3%
- b. 23,03%
- c. 61,56%

13)
- a. 0,5
- b. 0,1524
- c. 0,8352
- d. 0,8476
- e. 0,6247
- f. 0,3085

14) 0,5350

15)
- a. X = o tempo (em anos) que um indivíduo leva para se aposentar (depois de atingir os 60 anos).
- b. Contínua: $X \sim Exp\left(\frac{1}{5}\right)$
- c. 5
- d. 5
- e. $P(X \geq 10) = 1 - P(X < 10) = 0,1353$
- f. Antes (0,63)
- g. 18,3

Atividades de aprendizagem

Questões para reflexão

1)

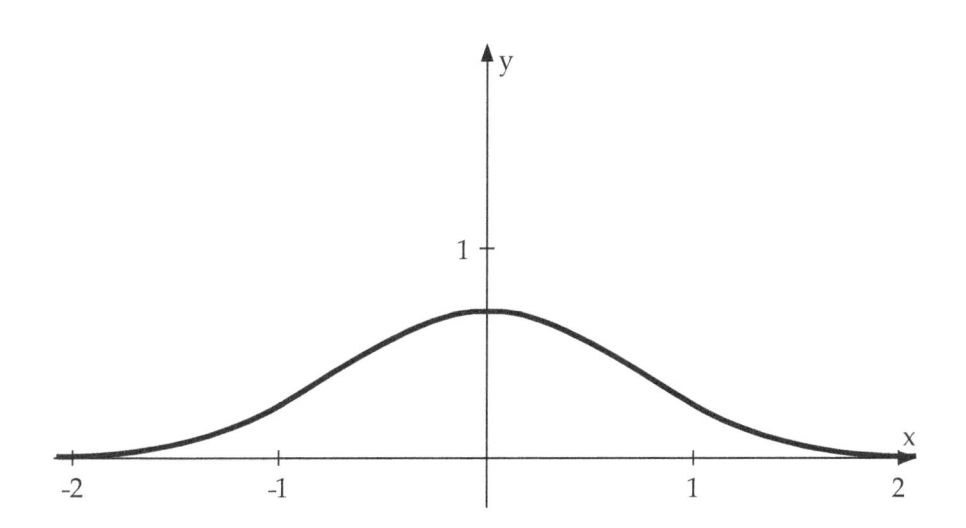

[Gráfico de uma curva normal centrada em 0, com eixo x de -2 a 2 e eixo y marcado em 1]

2) $P(x - 3\sigma < X < x + 3\sigma) = 0{,}9973$

Atividades aplicadas: prática

1) $P(0 \leq X \leq 1) = 1$

2) $P(2 < X < 10) = 0\ 0{,}5350$

CAPÍTULO 4

Atividades de autoavaliação

1)
  a. $P(X = 2, Y = 6) = \frac{1}{18}$
  b. $P(X = 3) = \frac{3}{18} = \frac{1}{6}$
  c. $P(Y = 6) = \frac{6}{18} = \frac{1}{3}$
  d. $F(Y \leq 4) = \frac{6}{18} + \frac{6}{18} = \frac{12}{18} = \frac{2}{3}$
  e. $F(3 \leq X \leq 5) = \frac{9}{18} = \frac{1}{2}$

2)

a. $\frac{7}{24}$

b.
$$P_X(x) = \begin{cases} \frac{23}{24}, x = 0 \\ \frac{11}{24}, x = 1 \\ 0, \text{ caso contrário} \end{cases} \quad P_Y(y) = \begin{cases} \frac{1}{4}, y = 0 \\ \frac{5}{12}, y = 1 \\ \frac{1}{3}, y = 2 \\ 0, \text{ caso contrário} \end{cases}$$

c. $\frac{1}{8}$

d. $\frac{3}{5}$

e. $\frac{3}{11}$

f. $P_{Y/X}(Y=0, X=1) \neq P(Y=0)\, P(X=1)$. Logo, não são independentes.

g. $E(X) = \frac{11}{24}$ e $Var(X) = \frac{143}{576}$

3)

a.

X \ Y	1	2	3	4	$p_X(x_i)$
1	1/4	1/8	1/16	1/16	1/2
2	1/16	1/16	1/4	1/8	1/2
$p_Y(y_j)$	5/16	3/16	5/16	3/16	1

b. $P_{X/Y}(1,4) = \frac{1/16}{3/16} = \frac{1}{3}$

c. $E(X) = 1{,}5$ e $E(Y) = 2{,}375$

d. $Cov(X, Y) = 0{,}25$ e $\rho(X, Y) = 0{,}450035$

4) Não é uma FDP.

5)

a. $k = 4$

b. $f_X(x) = 2x$ e $f_Y(y) = 2y$

c. $f_{X/Y}(x/y) = 2x$

d. $f_{Y/X}(y/x) = 2y$

e. São independentes.

$$E(X) = \frac{4}{3}y \text{ e } Var(X) = y - \frac{16}{9}y^2$$

6)
   a. $f_X(x) = 2(1-x); f_Y(y) = 2y$

   b. Não são independentes.

   c. $cov(x, y) = \frac{1}{36}; \rho = 0,89$

7)
   a. $f_X(x) = x + \frac{1}{2}; f_Y(y) = y + \frac{1}{2}$

   b. Não são independentes.

   c. $cov(x, y) = -\frac{1}{144}; \rho = -0,782$

8)

	Não fumantes	Fumantes	Total
Sem câncer	2/3	1/6	5/6
Com câncer	7/60	3/60	1/6
Total	47/60	13/60	1

Atividades de aprendizagem

Questões para reflexão

1) $p_{Y/X}(100/10) = \frac{2}{3}$, $p_{Y/X}(300/10) = \frac{1}{3}$, $p_{Y/X}(500/10) = 0$

2) $f_X(x) = \frac{3}{2}(1-x^2)$ e $f_{Y/X}(y/x) = \frac{1}{1-x^2}$

CAPÍTULO 5

Atividades de autoavaliação

1) $\bar{x} = 90$ $s = 1,86$

   a. z, [88,587; 91,41279]

   b. $t_c = \pm 3,1058$ [88,3324; 91,6676]

   c. [1,422; 14,619] e [1,19; 3,8235]

   d. $e = \frac{2}{2} = 1$, $n = \left(\frac{z_{\frac{\alpha}{2}} \cdot \sigma}{e}\right)^2 = \left(\frac{2,58 \cdot 1,9}{1}\right)^2 = 24,03 \Rightarrow n > 24$

   e. $e = \frac{2}{2} = 1$, $n = \left(\frac{t_{\frac{\alpha}{2}} \cdot \sigma}{e}\right)^2 = \left(\frac{2,58 \cdot 1,9}{1}\right)^2 = 24,03 \Rightarrow n > 24$

2) $z_c = \pm 1,644$ [8,4280; 8,6119]

3)
   a. Como $\hat{p} = \dfrac{120}{200} = 0{,}6$ $Z_c = -7{,}07$, rejeita-se H_0.
   b. A probabilidade de se rejeitar a hipótese, sendo ela verdadeira, é de 5%.
   c. Sim.
   d. Rejeita-se H_0.

4) Como $t_c = 7{,}4$, rejeita-se H_0.

5) Como $t_c = 3{,}5$, rejeita-se H_0. A probabilidade de se rejeitar H_0, sendo ela verdadeira, é de 5%.

6)
   a. [1,19; 2,016]
   b. $Z_c = 3{,}65$, teste bilateral, rejeita-se H_0.
   c. $Z_c = 10$, teste bilateral, rejeita-se H_0.

7) Como $H_1 : \mu > 150$ g, $z_c = 12{,}36$, rejeita-se H_0.

8) Como $H_1 : \mu < 2{,}5$ minutos, $z_c = -3{,}68$, rejeita-se H_0.

9) Como $H_1 : \mu < 5\,000$, $z_c = -1{,}78$, rejeita-se H_0.

10) Como $H_1 : \mu < 4\,000$, $t_c = -0{,}97$, não se rejeita H_0.

11) $\begin{cases} H_0 : p = 0{,}8 \\ H_1 : p \neq 0{,}8 \end{cases}$ $z = \pm 1{,}95$; $Z_c = -1{,}75$. Como $z > Z_c$, aceita-se H_0.

12) $\begin{cases} H_0 : p = 0{,}8 \\ H_1 : p < 0{,}8 \end{cases}$ $z = -1{,}65$; $Z_c = -1{,}75$. Como $z < Z_c$, rejeita-se H_0.

Atividades de aprendizagem

Questões para reflexão

1) Como $H_1 : p < 0{,}9$, $z_c = -0{,}16$, não se rejeita H_0.

2) Como $H_1 : \mu < 15$, $t_c = -4$, rejeita-se H_0.

Atividade aplicada: prática

1) Sim, deve-se descartar o lote, visto que o IC [5,7; 5,89] não contém μ = 6 mg.

CAPÍTULO 6

Atividades de autoavaliação

1)
   a. N(t) ~ P(λ) · P(X(1) > 2) = 1 − P(N(1) ≤ 2) = 0,0014
   b. T ~ exponencial (0,5) · P(T > 4) = $e^{-0,5 \cdot 4}$ = 0,135

2) P(X > 0) = 1 − P(X > 0) = 1 − $\frac{e^{-3}3^0}{0!}$ = 1 − 0,049787 = 0,95021

3)
   a. É uma variável aleatória (VA) de tempo contínuo, visto que t corresponde a qualquer hora do dia.
   b. É uma variável aleatória (VA) de estado contínuo, visto que a temperatura é uma variável contínua.
   c. Não é um processo de Markov, pois a temperatura do instante t não depende apenas da temperatura anterior.
   d. Não, porque tempo é uma variável contínua.

4)
$$P = \begin{pmatrix} 1/2 & 1/4 & 1/4 \\ 1/3 & 0 & 2/3 \\ 1/2 & 0 & 1/2 \end{pmatrix}$$

5)
   a. $P(X_4 = 2 / X_3 = 3) = p_{32} = 0$
   b. $P(X_3 = 2 / X_2 = 1) = p_{12} = \frac{1}{4}$
   c. $P(X_0 = 1 / X_1 = 2) = P(X_0 = 1)P(X_1 = 2 / X_0 = 1) = \frac{2}{3} \cdot p_{12} = \frac{1}{3} \cdot \frac{1}{4} = \frac{1}{12}$
   d. $P(X_0 = 1, X_1 = 2, X_2 = 3) = P(X_0 = 1)P(X_1 = 2 / X_0 = 1)P(X_2 = 3 / X_1 = 2, X_0 = 1) = $
      $P(X_0 = 1)P(X_1 = 2 / X_0 = 1)P(X_2 = 3 / X_1 = 2) = \frac{2}{3} \cdot p_{12} \cdot p_{23} = \frac{2}{5} \cdot \frac{1}{2} \cdot \frac{2}{3} = \frac{2}{15}$

6)

a. S_n tem distribuição binomial.

$$p_{S_n}(2) = \binom{6}{2}\left(\frac{1}{4}\right)^2\left(1-\frac{1}{4}\right)^{6-2} = 0{,}2966\ldots$$

b. O valor esperado de apostas tem distribuição de Pascal: $E(X) = \dfrac{k}{p} = \dfrac{3}{\frac{1}{4}} = 12$.

O número esperado de apostas que o jogador deverá fazer antes de ganhar 3 vezes é: $12 - 3 = 9$.

7)

a. 0,37

b. 0,0085

Atividades de aprendizagem

Questões para reflexão

1) $P^2 = \begin{pmatrix} 0{,}22 & 0{,}12 & 0{,}66 \\ 0{,}06 & 0{,}28 & 0{,}66 \\ 0{,}15 & 0{,}18 & 0{,}67 \end{pmatrix}$. Logo, $P(X_2 = 3 \,/\, X_1 = 3) = p_{33} = 0{,}67$.

2) Z_n corresponde ao tempo entre a chegada de 2 pacientes (n e n − 1).

Z_n tem distribuição exponencial, com média $\frac{1}{\lambda}$, $E(Z_n) = \frac{1}{\lambda}$.

T_n corresponde ao tempo para a chegada do n-ésimo paciente, $\sum_{i=1}^{n} Z_n$.

$$E(T_n) = E\left(\sum_{i=1}^{n} Z_n\right) = \sum_{i=1}^{n}(E(Z_n)) = \frac{n}{\lambda}$$

$$E(T_3) = \frac{3}{\frac{1}{10}} = 30 \text{ minutos}$$

Assim, o tempo de espera até que o primeiro paciente seja atendido é de 30 minutos.

Atividade aplicada: prática

1)

a.

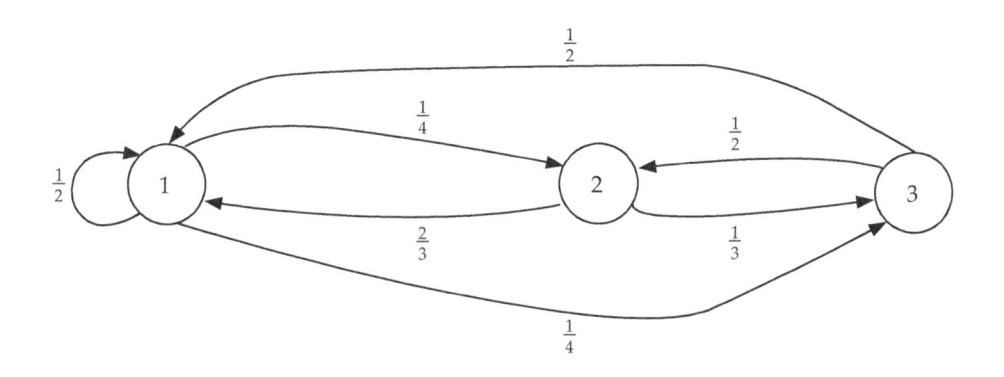

```
         1 ──(1/2)── 2
         1 ──(1/4)→ 2
   (1/2) 1           2 ←(1/2)── 3
         1 ←(2/3)── 2
         1          2 ──(1/3)→ 3
         1 ←(1/4)── 3
         1 ←(1/2)── 3  (loop from 3 to 1)
```

b. $P(X_1 = 3) = 1 - P(X_1 = 1) - P(X_1 = 2) = 1 - \frac{1}{5} - \frac{1}{5} = \frac{3}{5}$

$P(X_1 = 3, X_2 = 2, X_3 = 1) = P(X_1 = 3) \cdot P(X_1 = 2) \cdot P(X_1 = 1) = \frac{3}{5} \cdot \frac{1}{5} \cdot \frac{1}{5} = \frac{3}{125}$

Sobre o autor

Zaudir Dal Cortivo é doutor e mestre em Ciências pelo Programa de Métodos Numéricos em Engenharia da Universidade Federal do Paraná (UFPR). É bacharel em Matemática e licenciado em Ciências com habilitação em Matemática pela Pontifícia Universidade Católica do Paraná (PUCPR). Iniciou sua carreira docente em 1987 e, desde então, já lecionou no ensino fundamental, médio e universitário.

Os papéis utilizados neste livro, certificados por instituições ambientais competentes, são recicláveis, provenientes de fontes renováveis e, portanto, um meio **respons**ável e natural de informação e conhecimento.

Impressão: Reproset
Abril/2021